Elementary knowledge of Sake

日本酒の基礎知識

知りたいことが初歩から学べるハンドブック

木村克己

目次

第一章 日本酒の基礎知識 7

第二章 日本酒の造り 27

第三章
日本酒の味わい 75

第四章
日本酒の歴史をたどる 91

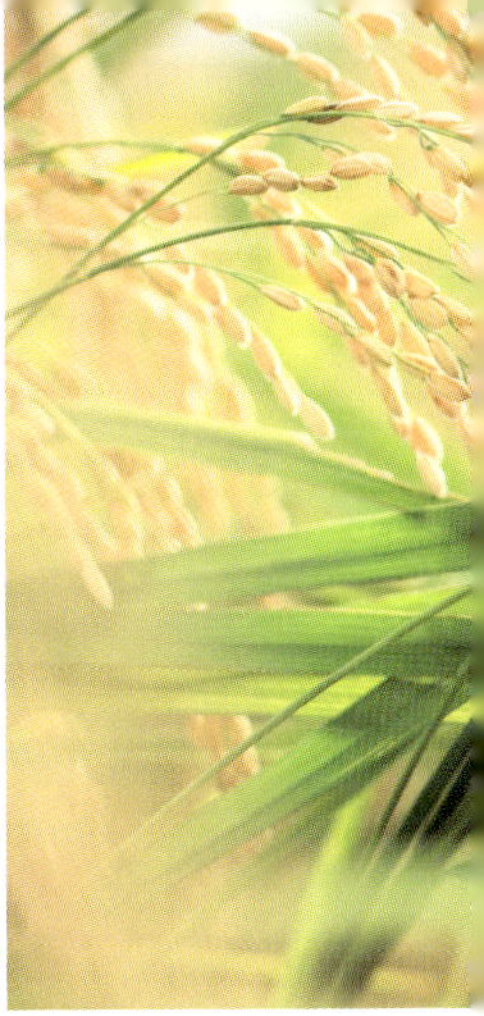

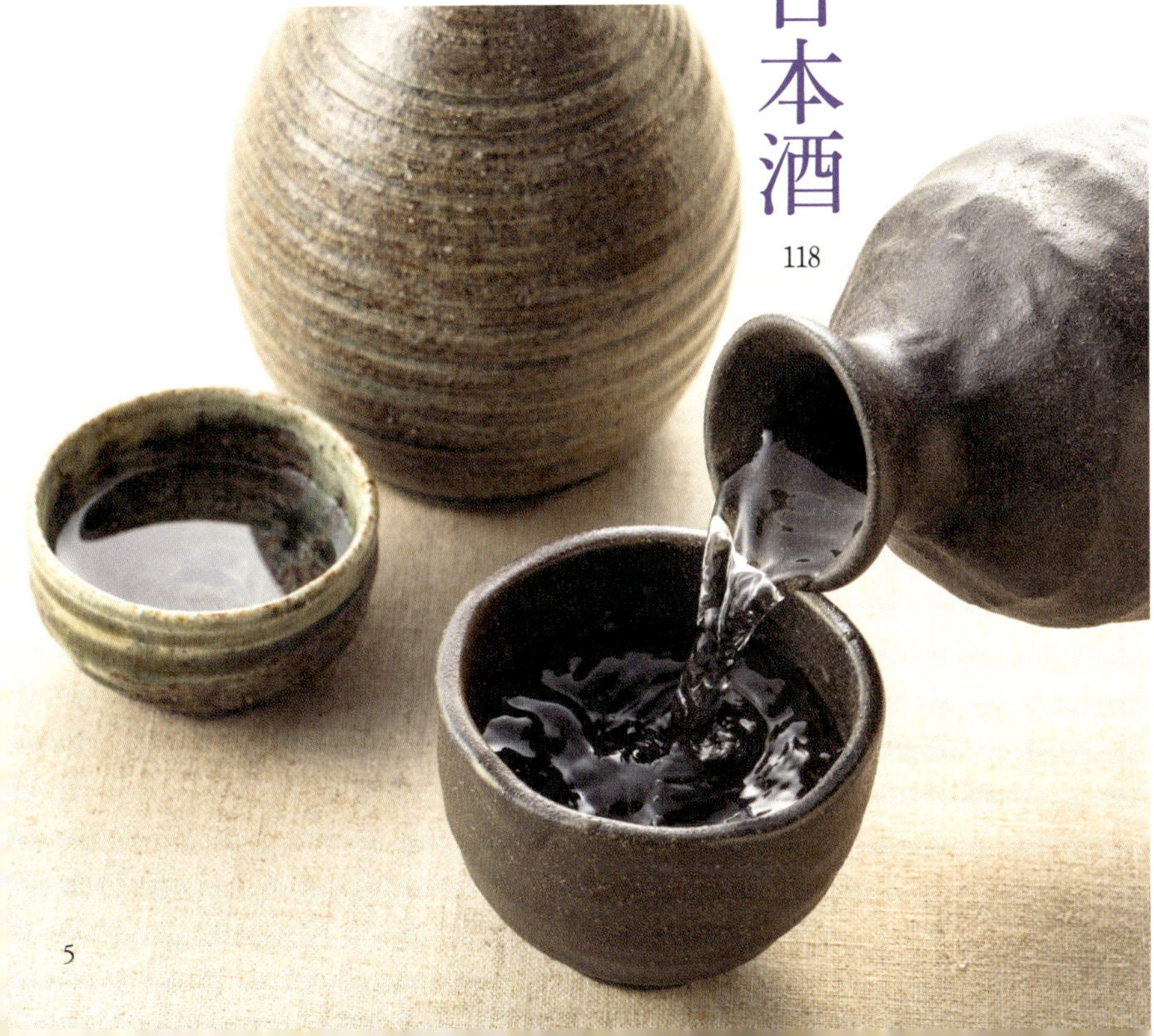

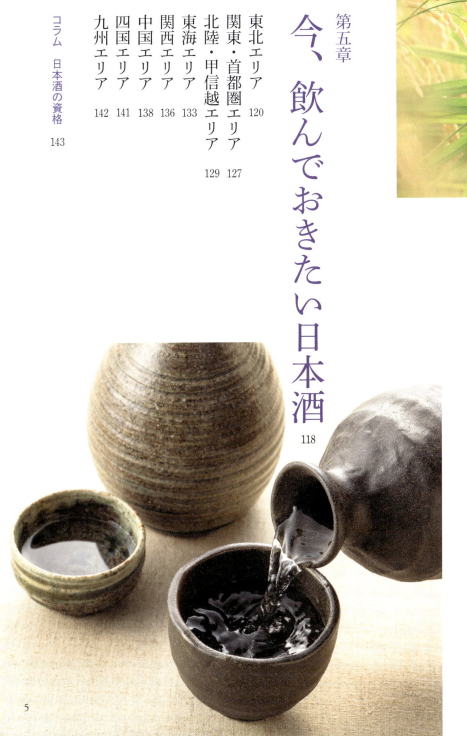

イラスト　本多ツグ男
撮影　泉山美代子、糸井康友、岡本寿、後藤義昌、田中雅、浜村多恵
デザイン　中村たまを
協力　日本酒サービス研究会・酒匠研究会連合会（SSI）
編集制作　バブーン株式会社（矢作美和、大澤芽衣、岡田好美、大坪美輝、井上真子人）
写真協力　©Fotolia　https://jp.fotolia.com
撮影協力　泉橋酒造、大七酒造
参考文献　『酒は諸白』（加藤百一著／平凡社）、『増補改訂　清酒製造技術』（財団法人　日本醸造協会）、『増補改訂　吟醸と吟醸酵母』（財団法人　日本醸造協会）、『日本酒の近現代史　酒造地の誕生』（鈴木芳行著／吉川弘文館）、『日本の技術　日本酒』（柚木学著・日本産業技術史学会監修／第一法規）、『発酵と醸造Ⅱ』（東和男編著／光琳）
※情報は2015年11月末現在のものです。

第一章

日本酒の基礎知識

基礎知識1

日本酒の定義

米を原料とし、こした酒が日本酒。添加物、アルコール度数などの要件は法律で定められている。

法律で定められた日本酒の条件は、米を原料として使用していることと、こしていること。酒税法では、「清酒」と表記され、「米、米こうじ、水を原料として発酵させてこしたもの」、「米、米こうじ、水及び、清酒かすその他政令で定める物品を原料として発酵させてこしたもの」と定義されている。

政令で定める物品とは、醸造アルコールやブドウ糖、水あめ、アミノ酸などで、米の重量の50%まで併用することができる。第二次世界大戦後の米不足の中で出回った「三増酒」は文字どおり3倍に薄めた酒で、添加物のほうが多いため現在の基準では日本酒とは認められない。

清酒として基準を満たしたものも、醸造アルコールの使用割合によってさらに分類が定められている。50~10%のものが「普通酒」、まったく使用していないものが「純米酒」、10%以下のものが「本醸造酒」や「吟醸酒」となる。

また、誤解が多いが、醸造アルコールの添加は必ずしもかさ増しのためではない。もともと、アルコール度数の高い焼酎を加えることで腐敗を防ぐ、江戸時代の「桂焼酎」という技法が起源であり、醪《もろみ》の管理がしやすく品質も安定するというメリットがある。

日本酒は、仕込みを3段階に分け低温でじっくりと発酵させて造る。そのため、原酒のアルコール度数が20%前後と高く、通常は水で薄めて販売されている。

ちなみに、日本酒のアルコール度数は酒税法では22%未満でなければならないと定められている。

知識チェック

Q1 日本酒のアルコール度数は決まっている?

A1 22%までと決められている。

アルコール度数は22%未満と酒税法で定められている。原酒のアルコール分は20%ほどだが、通常は15~16%に薄めて出荷される。

Q2 清酒と合成清酒の違いは何?

A2 原料とアルコール度数の定義が異なる。

酒税法上では、日本酒は清酒と呼ばれる。一方、合成清酒とは、アルコールに糖類、アミノ酸などを加えて清酒のような風味にしたリキュールで、アルコール度数は16%未満である。

日本酒とは？

**米、米麹《こうじ》、水及び
清酒かすその他の政令で定める物品
を原料として発酵させてこしたもの**

または

**米、米麹《こうじ》及び水を
原料として
発酵させてこしたもの**

醸造アルコール
焼酎
ブドウ糖
でんぷんなどを分解した糖類
有機酸
アミノ酸
清酒

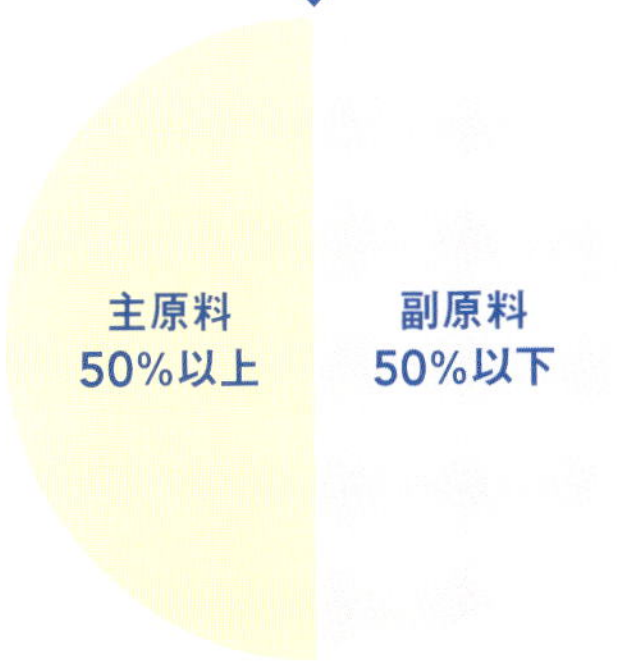

**主原料を3倍に水増しした
三増酒は法律で禁止されている！
副原料の割合は50％まで**

日本酒の主原料（米・米麹）の比率

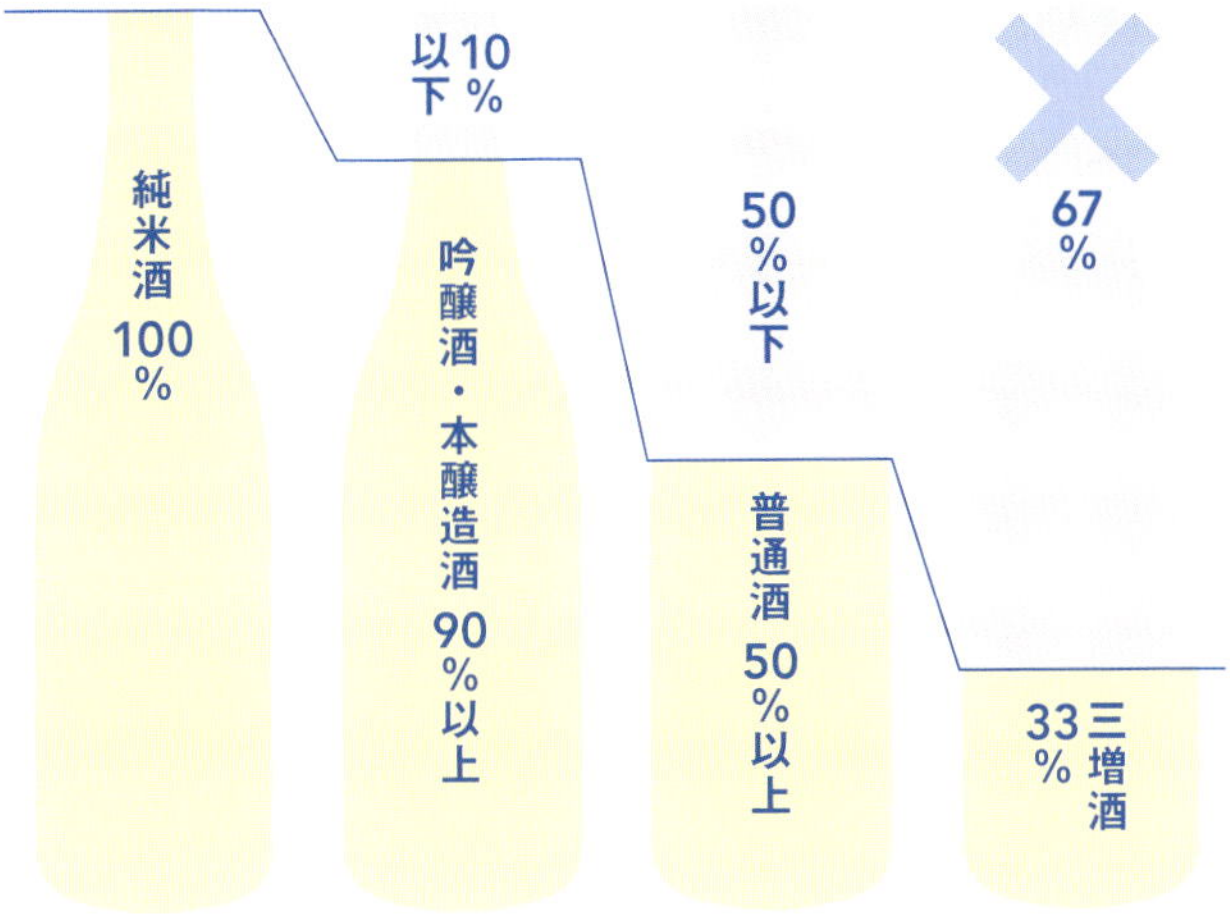

日本酒には、米や米麹のみでできた酒と、何らかの添加物を足した酒とがある。吟醸酒や本醸造酒のような特定名称酒であっても10％までなら醸造アルコールを加えることができる。ただし、三増酒のように添加物の割合が50％を越えると、日本酒の定義から外れている。

Notes アルコール分解① 肝臓でアルコールはアルコール脱水酵素によりアセトアルデヒドになる。

基礎知識2

日本酒の分類

普通酒と特定名称酒

原材料、精米歩合、麹米の割合によって分類され、普通酒と特定名称酒に分かれる。

日本酒は、原料により分類することができ、醸造アルコールを11％以上使用したものや甘味料などの添加物を加えた酒は普通酒と呼ばれ、日本酒全体の約7割を占めている。

醸造アルコールの添加割合が10％以下の日本酒のうち、麹米使用割合（白米の重量に対する麹米の割合）が15％以上のものは特定名称を名のることができる。特定名称酒は、使用原料と精米歩合《せいまいぶあい》によって、吟醸酒、大吟醸酒、純米酒、純米吟醸酒、純米大吟醸酒、特別純米酒、本醸造酒、特別本醸造酒の8種類に分けられる。

吟醸酒とは、低温でじっくりと醸造する吟醸造りにより醸された酒のこと。精米歩合が60％以下（大吟醸は50％以下）の米で造られる。純米酒は、醸造アルコールは使わずに米と米麹のみで造られたもの。精米歩合は、以前は70％以下と定められていたが、現在、規定はない。本醸造酒は、精米歩合が70％以下の米と米麹に醸造アルコールを加えて造られたものを指す。

特定名称の規定は名のるための条件を示したものであり、その範囲内であれば、どのように表記するかは酒蔵に任されている。たとえば、精米歩合が30％の酒は、吟醸酒、大吟醸酒（ものによっては特別本醸造酒も）の条件も満たしているが、本醸造酒と名のっても問題ない。

ところで、精米歩合とは、白米のその玄米に対する重量の割合を表す。つまり、精米歩合60％の米は、外側を40％削った状態ということになる。米をどの程度削るかによって日本酒の風味に大きな差が生まれる。

知識チェック

Q1 吟醸造りってどんな造り方?

A1 よく磨いた米を低温でじっくり発酵させる。

吟醸造りに明確な定義はないが、一般的には精米歩合の低い高精白の米を低温でじっくり発酵させる方法のことを指す。また、厳選された原料を用い、手作業で造ることが多い。

Q2 特別純米酒や特別本醸造酒の特別って何?

A2 原料や製法に何らかの特別な点がある。

特別とは、原料や製造方法が、その酒蔵で造るほかの酒と比べて特別であることを示している。名のるためには、どこが特別かを表示しなければならない。

特定名称酒の条件

	名称	原料	精米歩合	麹米の割合	香味などの要件
吟醸酒系	吟醸酒	米、米麹、醸造アルコール	60%以下	15%以上	吟醸造り、固有の香味、色択が良好
	大吟醸酒		50%以下		吟醸造り、固有の香味、色択が特に良好
純米酒系	純米酒	米、米麹	規定なし		香味、色択が良好
	純米吟醸酒		60%以下		吟醸造り、固有の香味、色択が良好
	純米大吟醸酒		50%以下		吟醸造り、固有の香味、色択が特に良好
	特別純米酒		60%以下または特別な醸造方法		香味、色択が特に良好
本醸造酒系	本醸造酒	米、米麹、醸造アルコール	70%以下		香味、色択が良好
	特別本醸造酒		70%以下または特別な醸造方法		香味、色択が特に良好

精米歩合と醸造アルコールの添加量以外にも条件がある

特定名称酒の条件は精米歩合と醸造アルコールの添加割合だけではない。3等以上に格づけされた玄米を精米して使用すること、麹米の使用割合が15%以上であることという条件も満たさなければならない。たとえば、原料が米100%の酒であっても、麹米の使用割合が15%を下回っていれば、純米酒と名のることはできない。

Notes アルコール分解② アセトアルデヒドはいわゆる二日酔いのもとになる物質である。

基礎知識3

ラベル1

必ず記載しなければいけない事項

日本酒の顔となるラベル。書くべき情報は、法律によって定められている。

日本酒の瓶の表と裏にはラベルが貼られている。ここには、**酒類業組合法によって記載を義務づけられた事柄が記載される。**その事柄とは、

①原材料
②製造時期
③保存や飲用上の注意事項
④輸入品の場合は原産国名
⑤外国産清酒を使用した場合はその原産国と使用割合

である。

さらに、この5つとは別に、製造者の氏名または名称、製造場の所在地、容器の容量、清酒（日本酒でも可）、アルコール分、発泡性があるものはその旨も書かなければならない。

以上の必要記載事項のうち、アルコール分、原材料名、製造場の所在地、容量、清酒、製造時期については表ラベルに記載される。また、特定名称を名のる場合も、表ラベルに書くのが通常だ。

一方、ラベルに表示してはいけない事柄についても規定がある。**「最高」「代表」「第一」など、製法や品質が業界で最上級であることを意味する表現は使用できない。また、官公庁御用達などの用語も禁止されている。**特定名称酒でないのに「吟醸の香り」「米だけの酒」のような特定名称を連想させる表現も使うことができない。ただし、特定名称酒ではない旨が明確に記載されていれば認められる場合もある。

このように、**ラベルは消費者に正確な商品情報を伝える場として機能している。**日本酒初心者は、まず表ラベルの情報をチェックすれば、その酒の基本的な情報を得ることができるだろう。

知識チェック

Q1 ラベルの形状にも規定があるの？

A1 特に決まりはない

表示内容には細かな規定があるが、形やデザインについては定められていないため、自由に決めることができる。ラベルは商品の印象を決める重要な要素であり、各メーカーが趣向を凝らしている。さまざまなバリエーションが存在し、コレクションしている人もいる。

「新政NO.6」は瓶に印字されたタイプのラベル。

表ラベルに書かれていること

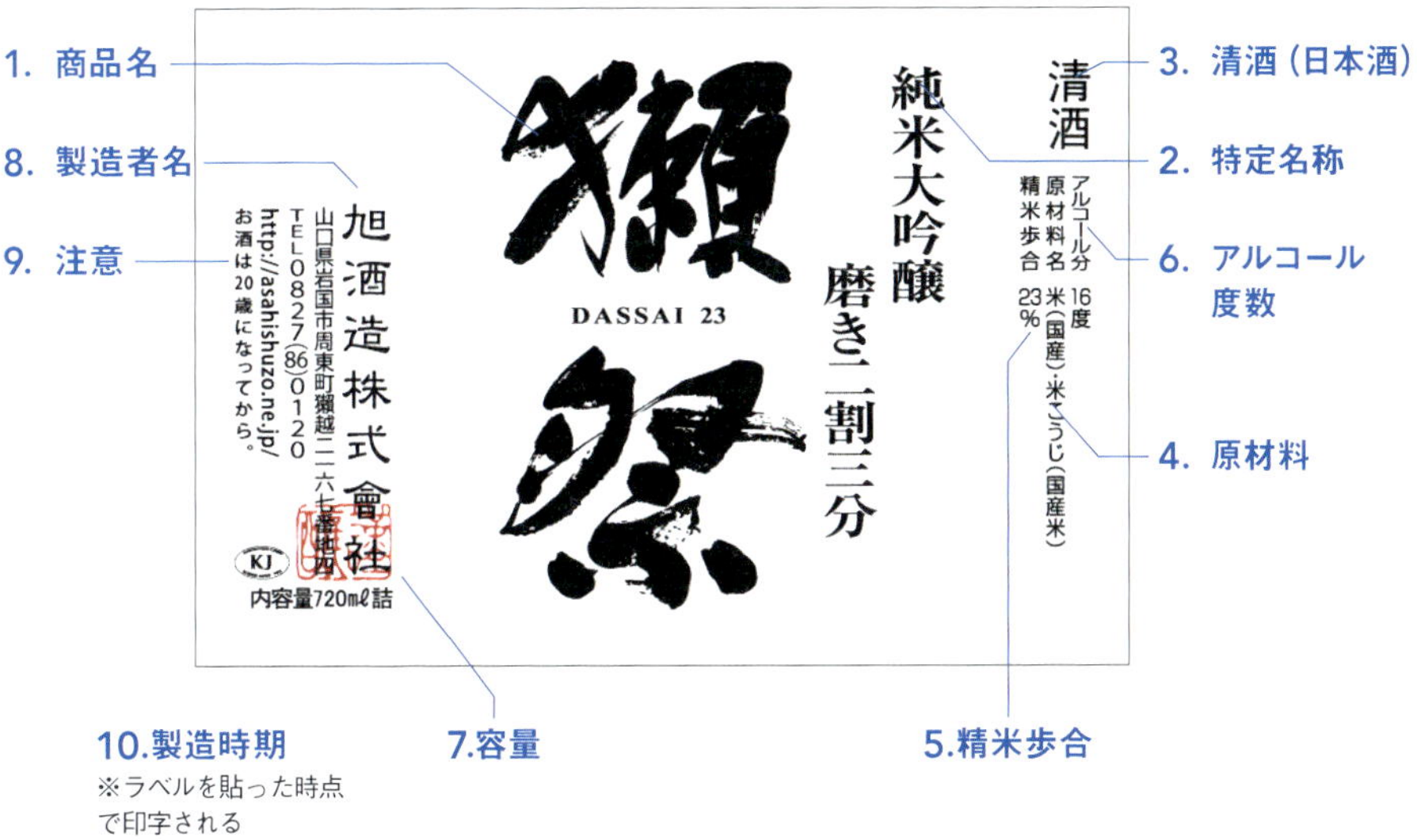

1. 商品名
銘柄名は、その日本酒や酒蔵のブランドイメージを表現するよう工夫した書体、デザインで書かれる。

2. 特定名称
純米酒、吟醸酒、本醸造酒などの分類を記載する。特定名称酒の基準を満たす場合のみ、表示が認められる。

3. 清酒
日本酒は酒税法上は清酒と呼称される。ラベルに書く際は、清酒と日本酒、どちらを用いても問題ない。

4. 原材料
原材料が使用量の多い順に記載される（ただし水は除く）。外国産の原料を使用した場合は、原産国も記載する。

5. 精米歩合
特定名称酒では必ず精米歩合を記載しなければならない。原材料の近くに書かれていることが多い。

6. アルコール分
日本酒はアルコール度数 22%以下でなければならない。前後1%までなら、幅を持たして表示できる。

7. 容量
mℓで表示される。一升瓶は 1800mℓ、四合瓶は 720mℓである。容量が 300mℓ以下の場合は省略することができる。

8. 製造者名
製造者の氏名または会社名と、その所在地を記載する。

9. 注意
生酒《なまざけ》の場合は「要冷蔵」と記載される。未成年や妊婦への注意喚起など、そのほかの飲用上の注意もここに表示する。

10.製造時期
西暦または和暦で記載される。ただし、300mℓ以下の酒は年月の省略可。なお、製造日とは瓶詰めされ出荷できる状態にした日である。

Notes アルコール分解③　アセトアルデヒドはアセトアルデヒド脱水素酵素により無害な酢酸に。

基礎知識4

ラベル2

必要ならば書いてもよい事項

米の品種や酒の種類など、日本酒の品質を表す商品情報は条件を満たせば記載できる。

ラベルには、任意で記載することのできる事柄もある。

①原料米の品種名
②清酒の産地名
③貯蔵年数
④原酒
⑤生酒《なまざけ》
⑥生貯蔵《なまちょぞう》
⑦生一本《きいっぽん》
⑧樽酒
⑨「極上」「優良」「高級」など品質が優れている印象を与える用語
⑩受賞の記述

以上については、それぞれの要件に当てはまれば表示することができる。

原料米の品種名は、使用割合が50%以上の場合表記することができる。清酒の産地名は、その日本酒全てがその産地で造られていれば表示できる。異なる産地のものをブレンドしている場合は表示できない。

③~⑧は製造方法に関する項目である。日本酒は通常、数ヶ月ほど貯蔵してから出荷される。1年以上貯蔵したものについては、1年未満の端数を切り捨てた貯蔵年数を表示できる。

原酒は製成後に水を加えていない状態、生酒は一切加熱処理をしていないもの、生貯蔵は出荷時にのみ加熱したもの、生一本は単一の製造所で造られた純米酒を表す。

木製の樽で貯蔵し木香のついたものは、販売する時点で木樽に入っているか否かにかかわらず、樽酒と表示できる。

品質については、自社商品との比較で客観的な根拠がある場合「極上」「優良」「高級」などの表現が認められ、また受賞歴は、国などの公的機関によるものに限り記載できる。

知識チェック

Q1 日本酒にも賞味期限はある?

A1 目安はある。
賞味期限の記載義務はなく、通常は明記されていない。未開封で1年程度、生酒なら半年程度が目安となる。

Q2 なぜ「極上」はよくて「最高」はダメなの?

A2 自社商品内での品質の差を表す言葉は認められる。
品質を形容する言葉として、業界内での最高水準とも取れる「最高」「第一」などは禁止されている。「極上」「高級」などは、自社の他製品と比較して品質に明確な差があることが客観的に示せる場合、認められる。

裏ラベルのいろいろ

法律で決められた項目以外にも、多くの情報が載っている。
内容や書き方は蔵によって異なり、個性が表れる。

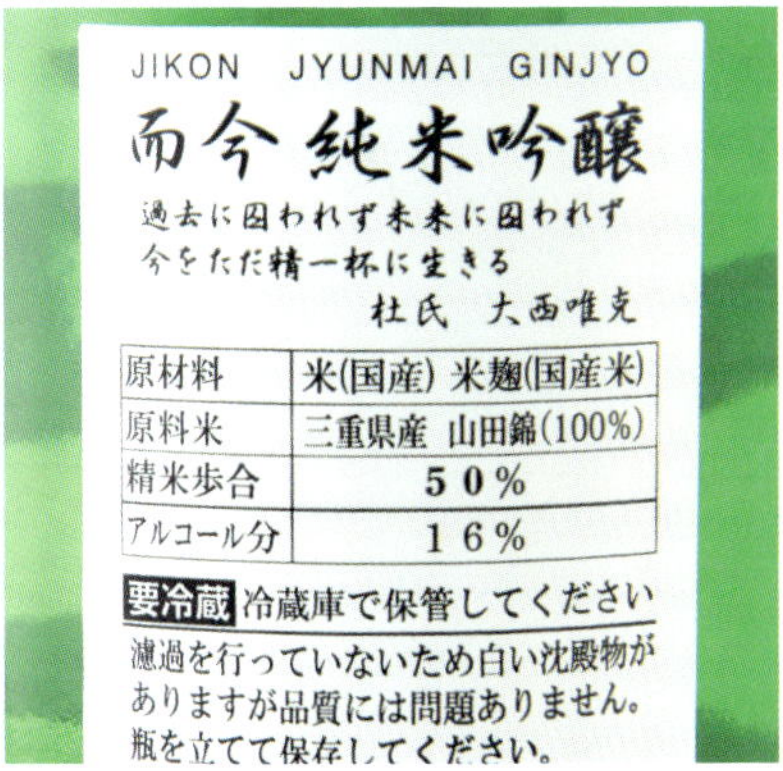

標準的なタイプの裏ラベル。原料や精米歩合などの情報に加え、酒の名の意味が短い文で示されコンパクトにまとまっている。

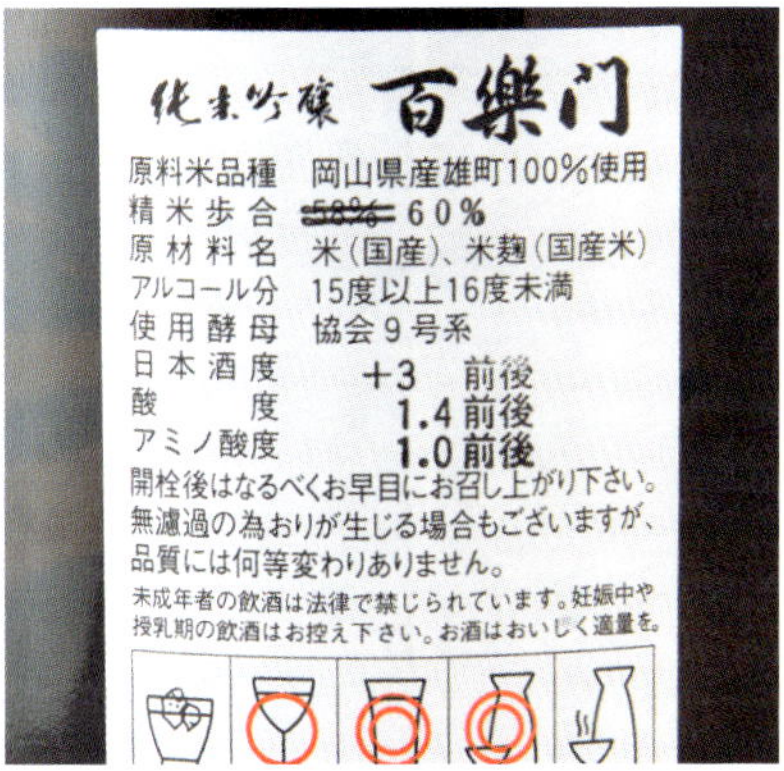

基本的な情報のほか、日本酒度、酸度、アミノ酸度などの成分情報、使用した酵母やおすすめの飲み方も書かれている。

その酒がどのように造られているかの説明、原料や酒母《しゅぼ》へのこだわりなどが詳しく書かれた、特徴のある裏ラベルである。

裏ラベルには蔵によりさまざまな記載が！

デザインに趣向が凝らされた表ラベルに比べ、裏ラベルは一見、どの酒でも違いがないように見える。しかし実際には、蔵によって、あるいは酒によって、内容が異なっている。法律で定められた事項以外にも、任意の情報を記載できるからだ。

追加で載せる情報は、日本酒度、酸度、アミノ酸度など酒の成分を示す数値や、使用した酵母の種類、醪《もろみ》日数（醪が完成するまでにかかる日数）など品質に関わるものが多い。

また、蔵や酒の説明やおすすめの飲み方、相性のよい料理などが書かれていることもある。

裏ラベルに追加された情報は、蔵が本当に伝えたい事柄であり、その酒の個性なのである。

Notes アルコール分解④　アルコールを分解する酵素は人により遺伝的に強弱がある。

基礎知識5

ラベルで読みとく味

ラベルに書かれたデータを読めば、その酒の味がある程度分かる。ラベルから好みの酒を探そう。

ラベルに書かれたデータの意味がわかるようになれば、どのような味の酒か、ある程度まで想像することができる。

まず、大きな手がかりとなるのは特定名称だ。特定名称は、使用する原料と精米歩合によって決まるが、その2つは味と密接に関係している。

純米酒は、醸造アルコールを一切加えていないため、米の味がしっかりとした濃厚な酒であることが多い。対して、醸造アルコールで風味や香りを調整した酒はさっぱりとしていることが多い。

また、精米歩合の低い（高精白）米で造った酒ほどすっきりとした味わいになる。米の外側にはたんぱく質やミネラルが多く付着しているが、それらは旨味のもとであり、雑味のもとにもなる。そのため、米を削るほどクリアな酒となるのだ。

使用している米の品種や水が明記されている場合も味の参考になる。米は品種ごとに味わいが異なり、山田錦は香味がよく、五百万石は淡麗、雄町は濃醇になりやすい。水は、硬水であれば辛口、軟水であればやさしい味わいという傾向がある。

そのほかに、日本酒の造りに関する情報からも味が分かる。たとえば、生酒と書かれているものは、加熱処理をしていないのでフレッシュさがある。無ろ過であれば、風味の強い濃厚な酒ということがわかる。

日本酒の味は、さまざまな条件の組み合わせで決まる。好みの味に出合ったら、ラベルに書かれたデータをチェックし、次に日本酒を選ぶときの参考にするとよいだろう。

知識チェック

Q1 生酛《きもと》、山廃《やまはい》ってどういう意味？

A1 酒母の造り方を表す。

乳酸を添加せずに自然の力だけで酒母《しゅぼ》を造る方法を生酛という。生酛造りの際には、米などをすり潰す山卸《やまおろ》し（酛《もと》すり）という作業を行うが、山卸しを行わない酒を山廃という。

Q2 生酒《なまざけ》と生貯蔵《なまちょぞう》と生詰《なまづ》めは何が違うの？

A2 加熱処理の有無や時期が異なる。

生酒は一切火を入れていない。生貯蔵は生のまま貯蔵し、瓶詰め前に一度だけ加熱する。一方、生詰めは貯蔵の前に加熱し、瓶詰め直前には加熱しない。

味を予想する3つの手がかり

1. 精米歩合

精米歩合の数値が高ければ、米の味がしっかりとした濃い味わいに、低ければ、すっきりとした軽い味わいになる。

2. 米の品種

食べておいしい米と、日本酒造りに向く米は異なるといわれる。酒米の種類によって、でき上がる酒の味も違ってくる。

3. 造り

日本酒の製造方法のこと。火入れの有無、ろ過の有無、酵母の仕込み方、発酵方法などによって、味に特徴がでる。

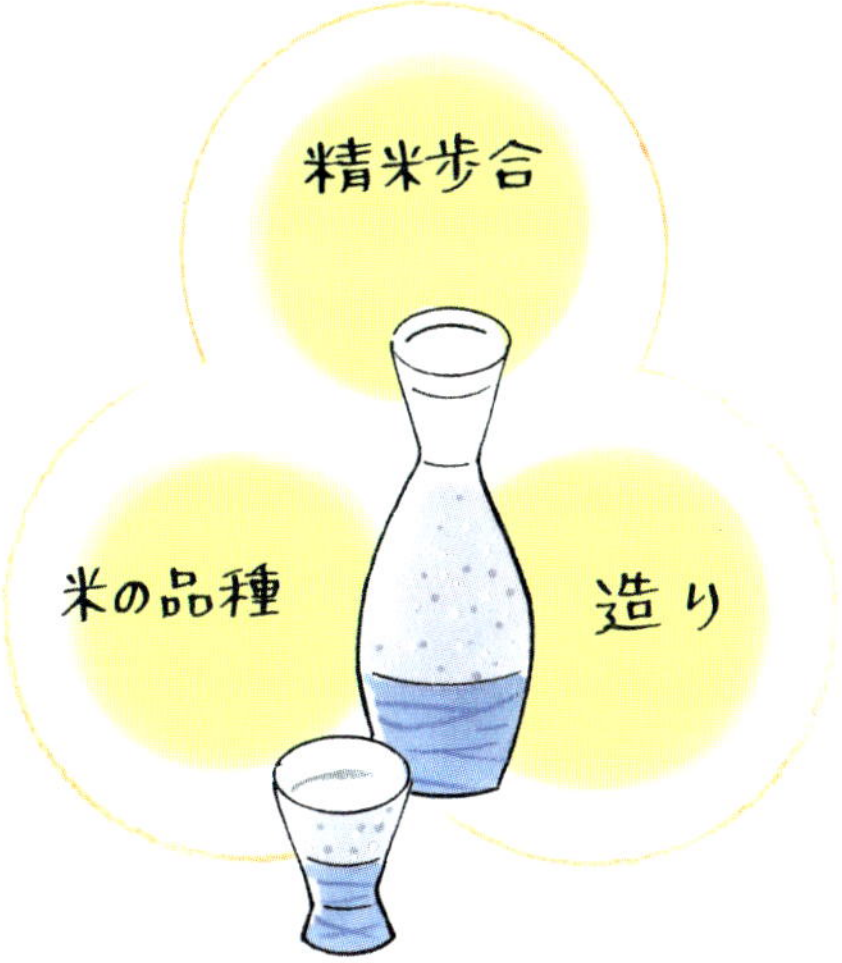

知っておきたい用語

あらばしり
醪を搾ったときに最初に出てくる酒のこと。少量しか取れず希少価値が高い。

中取り
あらばしりの次に取れる酒のこと。中汲み、中垂れと呼ぶこともある。

にごり酒
白濁した日本酒のこと。目の粗い布で醪をこしているため、粕が残り米粒を感じる。

生一本《きいっぽん》
単一の醸造所で造られた純米酒。純粋で混じりけがないことを意味している。

樽酒
杉樽に入れて貯蔵し、杉の香りをつけた酒。祝いの席などで用いられることが多い。

発泡清酒
炭酸ガスを含む酒。発酵が続きガスを含有するタイプや炭酸ガス注入式がある。

金賞受賞酒
独立行政法人酒類研究所が毎年開催している「全国新酒鑑評会」で金賞を受賞した酒。

古酒
製造後１年以上経った酒。10年以上熟成したものもある。新酒と対になる表現。

ひやおろし
春にでき上がり一度火入れした日本酒を、一夏寝かせて秋に出荷するもの。

原酒
加水していない日本酒。アルコール分が20%前後のものも。オンザロックにしてもよい。

生酒《なまざけ》
一切火入れをしていない酒のこと。酵素や微生物が生きているので冷蔵貯蔵が必須。

無ろ過生原酒
ろ過を行わず、加熱処理も加水も行っていない酒のこと。

Notes アルコール分解⑤　日本人の約5割はアルコール分解能力がかなり低い。

基礎知識6

蔵人

杜氏制度と社員杜氏

蔵人《くらびと》とは、酒蔵で酒造りを行う職人の総称。
酒造りは分業制で行われ、杜氏《とうじ》が全体をまとめる。

酒造りは精米作業や麹造りといった作業を分業化し、職人全員の労働力を結集した**共同作業方式**で行われる。

酒造りに携わる職人は、**酒蔵で直接酒造りに従事する「蔵人《くらびと》」**と、足踏み碓《うす》で精米作業をする「碓屋《うすや》」の2つに分けられている。さらに蔵人には**酒造りの一切を主人から委託され蔵人に指示をだし監督する杜氏《とうじ》**、杜氏を補佐する頭、麹師《こうじし》、酛廻《もとまわ》り、釜屋《かまや》など、碓屋は精米作業全体の責任者である碓頭をトップとして、枡取、米踏などの作業別の職に細かく分かれている（現在は精米を外注する蔵も多く、碓屋のいない蔵もある）。

麹造り、酛造りといった職務内容によって分業された仕事は誰にでもすぐに仕事を任せられるというものではなく、**長い経験と熟練した技術が必要**とされている。そのため、彼らの作業のトップに立つ杜氏は非常に重要な存在である。

杜氏は酒蔵に所属しているわけではなく、外部から酒造りの時期だけやってくるのが一般的だった。

昔から酒造りは寒い時期に造るのがよいとされており、その時期に農閑期・休漁期となる農漁民にとって、造り酒屋への出稼ぎは冬の働き場所を得られる格好の機会であった。

そうやって農漁民の出稼ぎ杜氏が長い間酒造りの中心となっていたが、**近年では杜氏の高齢化や後継者不足問題などの理由から、蔵の社員が杜氏を兼ねる社員杜氏が増加している。**一年中雇用できる社員が杜氏を兼ねることには、一年間を通じて酒造りを行う四季醸造が可能になるというメリットがある。

知識チェック

Q1 杜氏や蔵人は春から夏には何をしている？

A1 農業や漁業をしている。

杜氏や蔵人は普段は農家や漁師であり、本業の閑散期である**冬の間の出稼ぎとして酒造りに従事しているという場合が多かった。**現在増えている社員杜氏の場合は、春から夏にかけても社員として働いている。

Q2 「杜氏」という言葉の由来は？

A2 主婦を意味する「刀自《とじ》」が由来。

もともとは家事を担当する女性を意味する「刀自」という字が当てられていた。かつては女性が酒造りを担っていたためである。

蔵人の組織

職名	別称	任務
杜氏	とじ、親方、親爺、おやじさん	酒蔵における酒造りの技術・労務の一切を委託され、蔵人を指揮監督し、蔵内を統括する
頭	世話役、世話焼き、脇	杜氏の補佐役。蔵人を直接指揮し、日常の実務を管理する
麹師	衛門、大師、代師、麹屋	麹造りの主任
酛廻り		酒母造りの主任
道具廻し		酒造りに必要な諸道具類の整備と手配
釜屋		蒸し米作業の一切を取り仕切る
上人 中人 下人	追い廻し	頭の指揮で蔵の実務を行う。ランクは経験の有無による
室の子	相麹屋	麹造りの助手
飯炊き	飯屋、ままや	蔵人の食事作りと風呂の係

醪への櫂入れは蔵人の大切な作業。

現存する主な杜氏

南部杜氏

全国で最多の杜氏数を誇る、酒造りが盛んな岩手の杜氏集団。最盛期には 3200 名が加盟していたといわれている。

越後杜氏

南部杜氏の次に大きな集団。地元で盛んな酒造業を支えており、ほかにも全国の都道府県に出向き、銘酒を造りだしている。

能登杜氏

昔から出稼ぎの多い土地で、多くの酒造職人を全国に送り出している。明治中期には朝鮮やシンガポールにまで進出した。

杜氏は、酒造りの技術者集団である「杜氏集団」に属し、酒造りの季節になると各酒蔵に出向いて働く。

杜氏集団は全国各地に存在し、それぞれ独自の酒蔵技術を誇っている。集団ごとの技術の違いが、地域ごとの酒の特色を生み出すことにつながっている。

岩手の南部杜氏、新潟の越後杜氏、兵庫の丹波杜氏は三大杜氏といわれ、大きな勢力を持っていた（丹波杜氏は最近減少している）。

最近では、社員杜氏制度を導入する蔵が増えたこともあり、杜氏集団に属する杜氏は減少している。中には、すでに消滅してしまった杜氏集団もある。

Key word

【杜氏集団】

寒造りが一般的になった江戸時代に、集団で酒を造るために出稼ぎにいったのが発祥。各地にさまざまな杜氏集団があったが、消滅してしまった集団も多い。

Notes アルコール分解⑥　日本人の約5%はアルコールをまったく分解できない下戸。

基礎知識7

日本酒造りの四季

四季の変化に合わせて作業を進めることにより、
味わい深い日本酒が生出される。

日本酒は、どのような環境下で造られるかによって味や香りが変化する。したがって、日本酒造りを行う時期は重要なポイントになる。

現在、一部の大手酒蔵では一年を通じて日本酒を仕込む「四季醸造」が行われている。しかし、この形式を維持するには膨大なコストがかかるため、多くの酒蔵では冬場に酒を仕込む「寒《かん》造り」による日本酒造りが主流である。

江戸時代初期までは四季醸造による酒造りが主流で、新酒、間酒、寒前酒、寒酒、春酒と年に5回、四季を通じて日本酒が造られていたが、そうして造られた酒の中には品質の面で問題があるものも多かった。当時最も酒造技術が進んでいた伊丹で、それまでの寒酒の仕込みを改良した寒造りが開発、確立されたことで、質のよい日本酒を安定して造ることが可能になった。

寒造りの大きなポイントは、冬の寒さを利用することで蒸し米を芯から冷やした状態にして仕込めることである。酵母がアルコール発酵をして日本酒ができる過程で発生する「発酵熱」と呼ばれる熱は、外気が冷えている冬場でなければ抑えることができないからだ。

酒造りの世界の一年は「酒造年度」と呼ばれ、毎年7月1日から翌年6月30日で区切られている。寒造り自体は発酵の温度管理がしやすい11月から翌年3月までの約5ヶ月間（※）で行われるが、酒造りを行わない季節も米作りを手伝ったり、味噌や梅酒といったほかの商品の仕込みを行ったり、商品の営業を行ったりと、酒蔵は365日稼働している。

知識チェック

Q1 四季醸造って何?

A1 冬だけでなく、一年を通して酒造りを行うこと。

酒造りは秋から冬にかけて行われるのが通常だが、大手酒蔵の中には年間を通して行っているところもある。このような酒造りを四季醸造という。温度や湿度を調整する設備を導入することで可能になる。

Q2 酒造年度の始まりは何月?

A2 7月。

酒造年度とは日本酒業界独自の期間区分で、7月1日から翌年の6月30日までで年度を区切る。表記する際にはBYと記され、27BYなら平成27年度醸造という意味になる。

※最近は発酵タンクを冷やすなどの技術で5月くらいまで酒造を行う蔵もある。

日本酒の四季

1月

2月

3月

酒造り終了

4月

5月

6月

米作り

7月

8月

9月

酒造りスタート

10月

11月

12月

新酒

新酒の時期になると吊るされる杉玉。杉でできている。

生酒

フレッシュな香りと清涼感が暑い季節に合う。

ひやおろし

秋になると一夏の貯蔵を終えた日本酒が販売される。

新春〜春

日本酒の仕込みを行いながら、その酒造年度の新米で造られた「新酒」を売り出し始める。3月末ごろになると、その年の酒造りが終了となる。

春〜初夏

でき上がった酒を保存し、最適な状態になるまで寝かせておく。米作りを手伝ったり、今後売り出す酒の営業活動をこの時期に行っていく。

夏

「生酒」が売り出される。生酒は一切の加熱処理をしていないフルーティーな味わいが魅力の酒である。また、冷酒の需要が高まるのもこの時期だ。

秋

寒造りで製造した酒が出荷に最適な状態になる。このひと夏寝かせた酒を「ひやおろし」という。新酒特有の粗さが消え、丸みを帯びた熟成した味になる。

冬

本格的な酒造シーズンの始まり。酒蔵は一年でもっとも忙しい時期になる。早朝から深夜まで、まさに24時間眠らない状態で、酒造りが行われる。

Notes 日本酒と健康① 日本酒は1日に2合までが適正量。食べながらゆっくり飲むのが体によい。

基礎知識8

作法と無作法

酒席は堅苦しくならずに自由に楽しむものだが、
美しい立ちふるまいは大切にしたいポイントだ。

日本酒を飲むといっても、にぎやかに飲める場とそうでない場があり、誰と飲んでいるのか、どんな目的で飲んでいるのかによってもふさわしい立ちふるまいは変わってくる。酒の席での作法は社会では不可欠なたしなみといえるだろう。

酒の席で不作法といわれる行為には、全てに何らかの理由がある。

たとえば、注がれた酒を一口で一気に飲みきってしまう行為。ついやってしまいがちな動作ではあるが、これは不作法とされている。姿が美しくないことはもちろん、一気飲みは体に負担をかける行いでもあるため、するべきではないとされているのだ。

不作法とされる行為の理由には、人を不快にさせる、清潔感に欠ける、品位に欠ける、酒器を破損させる危険性がある、室内の調度を汚す可能性がある、日本酒の品質を損ねる危険性がある、日本酒の温度を著しく変化させる、日本酒に異物混入する可能性がある、祝儀や不祝儀両面にふさわしくない、といった点が挙げられる。

中でも、人を不快にさせる行為はマナー違反の代表といえるだろう。相手に酒を強要したり、泥酔したりすることは、人に迷惑をかけるため非常に嫌がられる行為である。自分や相手の限界を超えてしまうような無理強いはすべきではない。

皆で楽しんで飲む、目上の人とほどよい緊張感を保ちながら飲む、それぞれのシーンでどのようにふるまうべきかをしっかりと考え、理解しておくことが大切だ。

知識チェック

Q1
酒はどのくらいまで注げばいいの?

A1
器の8分目が目安。

なみなみと注いだほうがよいと勘違いされがちだが、器いっぱいに注ぐと相手にとっては飲みづらい。こぼしてテーブルや手を汚してしまうこともあるので、避けたほうがよい。

Q2
和《やわ》らぎ水って何?

A2
日本酒の合間に飲む水のこと。

泥酔して人に迷惑をかけるのは最大のマナー違反である。酔い過ぎを防ぐには、日本酒の合間に水を飲むのが効果的である。胃腸の負担が下がり、酔いが緩やかになる。

知っておきたい酒席の作法

受け方

男性

酒を注がれたら、杯を飲み干す必要はないが、一口飲んでからテーブルに置く。杯は必ず手で持つように。

女性

杯の側面を右手の親指と人差し指で軽く持ち、左手の指先を底に添えて受け、一口飲んでから置く。

注ぎ方

男性

右手で銚子《ちょうし》や徳利を持ち、8分目まで注ぐ。相手が目上の場合は左手を添える。

女性

男性と同様に銚子や徳利を右手で持ち、左手を下に添えて杯の8分目まで注ぐ。

✕ やってはだめなこと

一気飲み

一気飲みはしてはいけない。人に強要することももちろんマナー違反といえる。

持ち歩き

席を立ってお酌をするときは、向かった先の徳利を使う。徳利を持ち歩くのは危険である。

逆さ杯

杯を裏返して置くこと。衛生的ではなく、テーブルを汚す可能性がある。

逆手《さかて》注ぎ

手のひらを上にして注ぐ動作は不祝儀に当たるので、してはいけない。

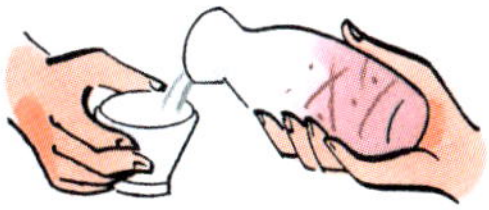

Notes 日本酒と健康② 日本酒のカロリーは1合当たり約200kcalで、ビールやワインよりも高い。

基礎知識9

日本酒の酒器

徳利や杯だけでなく、酒造りに使う桶や保存のための樽も酒器のひとつである。

お酒を入れる容器全般を酒器と呼ぶ。

酒器と一口にいってもさまざまな種類があり、大きさで順に並べると、酒を造ったり保存する際に使われる**桶**や**樽**、酒の保存用の入れものとしての壺、瓶、徳利などがある。また、飲むために酒を注ぐ容器としての**杯**もある。

昔は杉の圧板で作られた桶や、素焼きの壺や瓶子《へいし》、銅で作られた器が使われていた。樽材に杉が用いられていたのは**杉の木香が酒味に大きく影響を与える**からで、木の質や伐採後の乾燥の度合いなどに細心の注意が払われていた。

また、杯にはおもむきの異なる金銀の器、陶磁器、漆器なども古くから酒器として使用されている。

現在では木の桶は衛生面や目減りなどの問題から使われなくなり、ほとんどがホウロウびきやステンレス製、アルマイト製のタンクに代わっている。また、保存にも樽や壺に代わって瓶を使用するようになるなど、技術の発達によって酒器も変化してきている。最近では、プラスチックでできた杯なども登場している。ただし、これは落としても割れることがないため便利ではあるが、雅に酒の味を楽しむという点では適しているとはいえないだろう。

一方で、日本酒を昔のように小樽で置き、店でだす飲み屋も増えている。また、**お神《み》酒《き》徳利**と土器などは、現在でも結婚式などで使われている。

お酒を味わうと同時に、徳利や杯にも心を配り、器のよさもともに楽しむのも、日本酒のたしなみといえるのではないだろうか。

知識チェック

Q1
「鏡開き」って何？

A1
酒樽のふたを割って開封すること。
酒樽のふたが鏡と呼ばれていたことから、**ふたを木槌で割って開封することを鏡開きという。**年始の行事や祝い事の席などで行われることが多い。

Q2
一升瓶が生まれたのはいつ？

A2
明治34年（1901）年。
一升瓶が登場したのは明治時代のことである。それまで日本酒は、酒販店で桶や樽から量り売りされており、客は容器を持参して買っていた。一升瓶が生まれたのは、水を足してかさ増しするなどの不正を防ぐためといわれる。

酒器のいろいろ

大きさ
大
小

桶

酒を造るときに使ったり、造った酒を貯蔵するために使う。昔は杉で作られていたが、現在はステンレス製のタンクが主流となっている。

木桶に保存された酒は、木の香りや微生物の影響で独特の風味に。

樽

ふたとは別に作られた小さな口から酒を出し入れするようにできた容器。今は四斗樽が一般的だが、昔は三斗六升樽が多く使われていた。

酒樽は「化粧ごも」で巻かれていることが多い。

首の部分にひもを結び、持ち歩くこともできる。

大徳利

瓶子の発展した形として生まれた。当初は酒を注ぐ器ではなく、しょう油や酢などの液体を入れておくものだったため、容量が大きくなっている。

徳利

大徳利から小型化し、現在使われている徳利は一合か二合くらいの酒が入るサイズになっている。過去には五合や一升などのサイズも使われていた。

神前に供えるためのお神酒徳利。独特の形をしている。

杯

昔は杯を回し飲むことが多かったため、大容量の器だったが、ひとり酒の習慣の広まりなどにより次第に小型化していった。

漆の杯は古くから祝い事の席で使われてきた。

Notes 日本酒と健康③　日本酒にはアミノ酸やペプチドなどの成分が溶け込んでおり、栄養価が高い。

日本酒と神社

大神神社や松尾大社など古くから日本酒の蔵と神社の関係は深い

お神酒という言葉でもわかるように、古来から神社と日本酒には密接な関係があった。そのなかで、お酒の神様というと有名なのが奈良県にある大神神社と、京都の松尾大社だろう。

大神神社は背後にある三輪山をご神体とし、大物主神を祀る。山には杉が多く植えられ、新酒ができたことを知らせる杉玉は、本来ここの杉を用いて作るものだった。今も、この杉で作った杉玉を軒に吊るす酒蔵は多い。

一方、松尾大社は伏見の蔵の氏神様として有名になり、全国各地から集まった酒樽が飾ってあったり、お酒の資料館もある。また、亀の井という井戸があり、この井戸の水を仕込み水に加えると、酒が腐りにくくなるという言い伝えも。蔵の神棚に松尾大社の御札が貼ってあったり、酒造りの前にお参りする杜氏がいたりするのもうなづける。酒好きならば、一度は訪ねてみたい神社といえるだろう。

ほとんどの蔵に神棚はある。地元の氏神様のほか、松尾大社など酒に由来する神社の御札を祀る蔵も多い。

新酒ができたことを知らせる杉玉は大神神社由来のもの。

酒蔵は神聖な場所であり、外ととの結界を作るという意味でしめ縄が張られる。

第二章

日本酒の造り

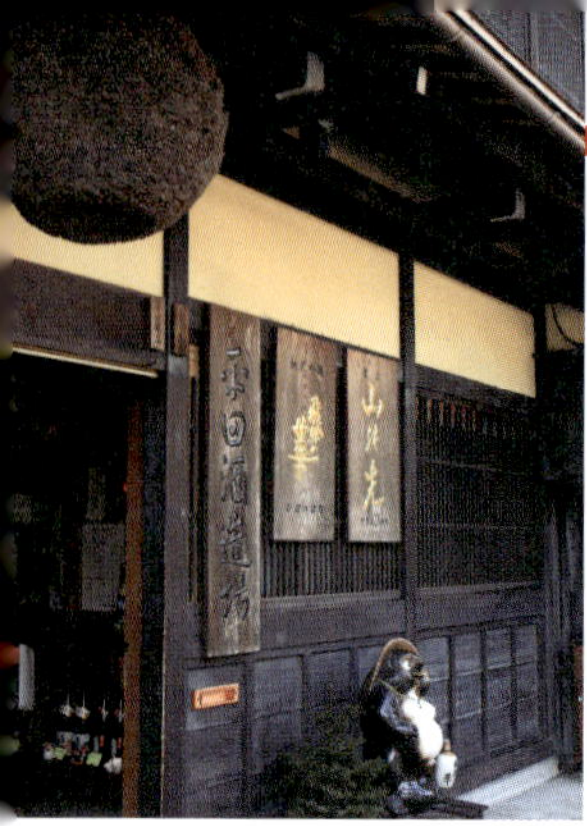

造り1

日本酒の造り

米を原料とする日本酒は、三段仕込み、
並行複発酵など、複雑で高度な醸造方法で醸される。

酒は造り方によって、醸造酒、蒸留酒、混成酒に分類できる。醸造酒は原料を酵母により発酵させたもの、蒸留酒は発酵させてから蒸留したもの、混成酒は醸造酒や蒸留酒に糖や香料などを加えたもので、日本酒は醸造酒に当たる。

日本酒は、ビールやワインなどほかの醸造酒と比べて、複雑な醸造方法で造られる。原料である米は糖分を含んでいないため、アルコールを生成するにはまずでんぷんを糖化させる必要があるが、第1段階である糖化と第2段階であるアルコール発酵を同じ容器内で同時に行う。このような醸造方式は並行複発酵と呼ばれている。

日本酒造りは、原料である米を加工することから始まる。酒の種類に応じて精米し、洗米、浸漬《しんせき》の後蒸気で蒸す。蒸し米は製麹《せいきく》、酒母《しゅぼ》造り、醪造りの工程で使用される。糖化に必要な酵素を生成する麹、アルコール発酵を促すための酒母ができると仕込みに移る。

醪を造る仕込みの工程は、3度に分けて行うことから三段仕込みという。これは並行複発酵と並ぶ日本酒造りの特徴で、少量ずつ仕込むことで発酵がスムーズに行われる。

2週間から1ヶ月かけて発酵させた醪《もろみ》を袋に入れて搾り、酒粕を取り除くと新酒が完成する。

通常の日本酒は、この後、ろ過、火入れ、貯蔵などを経て出荷となる。

日本酒造りは非常に複雑で、繊細な作業を必要とする。経験豊富な杜氏の技と、正確なデータに基づいた醸造がそれを可能にしており、古くから伝わる誇るべき技術なのだ。

知識チェック

Q1 醸造酒と蒸留酒の違いは何？

A1 製造方法が異なる。

米や果物などの原料を発酵させて造るのが醸造酒、発酵させた後に蒸留して造るのが蒸留酒である。

Q2 「一麹、二酛、三仕込み」とは何のこと？

A2 日本酒造りの中で特に重要な要素を表す。

これは、酒造工程のうち、特に大切なものを順に並べた表現である。酒母や醪の出来を決める麹、発酵を担う酵母を培養した酒母（酛）、日本酒の骨格となる醪の仕込みは酒の品質を左右する。各酒蔵が細心の注意を払って作業している。

日本酒の製造工程

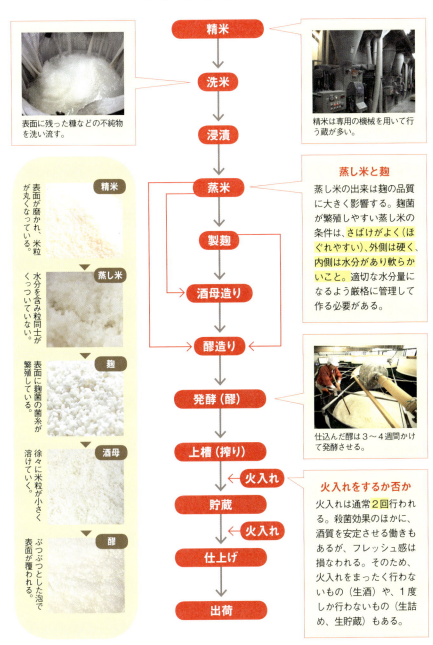

精米は専用の機械を用いて行う蔵が多い。

表面に残った糠などの不純物を洗い流す。

精米 → 洗米 → 浸漬 → 蒸米 → 製麹 → 酒母造り → 醪造り → 発酵（醪） → 上槽（搾り） →（火入れ）→ 貯蔵 →（火入れ）→ 仕上げ → 出荷

（蒸米 → 酒母造り、蒸米 → 醪造り、製麹 → 醪造り）

表面が磨かれ、米粒が丸くなっている。

水分を含み粒同士がくっついていない。

表面に麹菌の菌糸が繁殖している。

徐々に米粒が小さく溶けていく。

ぶつぶつとした泡で表面が覆われる。

蒸し米と麹

蒸し米の出来は麹の品質に大きく影響する。麹菌が繁殖しやすい蒸し米の条件は、さばけがよく（ほぐれやすい）、外側は硬く、内側は水分があり軟らかいこと。適切な水分量になるよう厳格に管理して作る必要がある。

仕込んだ醪は３～４週間かけて発酵させる。

火入れをするか否か

火入れは通常２回行われる。殺菌効果のほかに、酒質を安定させる働きもあるが、フレッシュ感は損なわれる。そのため、火入れをまったく行わないもの（生酒）や、１度しか行わないもの（生詰め、生貯蔵）もある。

Notes 日本酒と健康④　日本酒は体を温める作用が強く、冷えやこりの解消に効果がある。

造り2

吟醸造り

華やかな香りが特徴の吟醸酒は、精米歩合60％以下の米を原料に特別な製法で造られる。

フルーツのような華やかな香りとすっきりした味わいが特徴の吟醸酒。特定名称酒のひとつで、精米歩合60％以下（大吟醸は50％以下）の米を使用し、吟醸造りによって醸造された日本酒と定義されている。吟醸造りの最大の特徴は低温でじっくりと発酵させることだが、その他の各工程でも特別な手法が用いられる。

まず、米や水などの原料は厳選したものを使用する。米は、日本酒造りのために開発された酒造好適米を使うのはもちろん、深く削っても割れない強度のあるものが求められる。また、一般的には酒造りに向く水は硬水だが、吟醸酒には滑らかな仕上がりになる軟水のほうが向くとされる。

製造工程では、昔ながらの手法が用いられる。洗米、浸《しん》漬《せき》、蒸米《じょうまい》、製麹《せいきく》、上槽《じょうそう》など日本酒造りのさまざまな行程で機械化が進んでいるが、吟醸酒の場合だけは特別にほとんどの作業を手作業で行うという蔵も多い。吟醸酒特有の香味を出すためには、気温、湿度などの環境や原料の状態に応じて臨機応変に対応する必要があり、職人が直接作業することで繊細な酒造りが可能になる。

吟醸造りの最大の特徴は、フルーティーな香りを生成する酵母を使用することだ。

また、低温での発酵も特徴で、このときの温度が、純米酒や本醸造酒は12～13度程度であるのに対し、吟醸酒は10度前後となる。これは酵母が生きられるぎりぎりの温度で、酵母は低温によるストレスを受けることによって、吟醸香のもととなる成分、エステル類を生成する。

知識チェック

Q1 低温での発酵とはどのくらいの温度？

A1 10度前後で発酵させる。

通常の発酵温度は10～15度で推移することが多いが、吟醸酒の仕込みでは10度前後で一定に保つようにする。

Q2 吟醸香ってどんな香り？

A2 フルーティーで華やかな香り。

吟醸酒の香りは果物にたとえられることが多く、梨やリンゴのような香りといわれる。これは、香気成分、カプロン酸エチルの特徴で、香りは使用する酵母によって異なる。

吟醸造り―7つのポイント―

1. よい米を使う

吟醸酒用の米は精米歩合を低くするため、削っても割れにくいものがよい。大粒で強度のある酒造好適米を使用する。心白《しんぱく》（中心の白い部分）の大きいものは菌が繁殖しやすいが、大き過ぎると砕けやすくなってしまう。

2. よい蒸し米を作る

糖化しやすいよう、外側は米同士がくっつかず、内側は水分を含んだ軟らかい状態のものがよい蒸し米である。釜の上に木桶を載せた甑《こしき》と呼ばれる大型の蒸し器を使う。また、吸水も秒単位で管理される。

3. 槽《ふね》で搾る

槽と呼ばれる搾り機に袋詰めした醪を敷き詰め、上から圧力をかけて搾る。さらに手のかかる手法として、醪を入れた袋を吊るし、自然に落ちてくる液体を集める袋吊り法もある。機械で搾ったものとは風味が変わってくる。

4. 丁寧に米を削る

表面の成分を完全に取り除くため、精米歩合が60％以下（大吟醸は50％以下）となるように削っていく。深く削るほどすっきりとした味わいになる。中には精米歩合20％台、10％台の米を使った酒もある。

5. 手作業で製麹《せいきく》

蒸し米の上に麹菌をまぶして麹を造る。全自動の機械もあるが、吟醸造りでは米を木製の箱に盛って仕上げる伝統的な製麹法であるふた麹法を採ることもある。大型の木箱を使う方法は箱麹法と呼ばれる。

6. 醪の管理

10度前後の低温を保ち、30日ほどかけてゆっくりとアルコール発酵させる。天気や気候などの条件の変化によって香味や品質にばらつきがでないよう、杜氏が日本酒度、酸度、アルコール度数などの酒質を毎日検査する。

7. 香りを損なわず火入れ

火入れ（加熱処理）は酵母の働きを完全に止め、雑菌を殺すために行う。しかし、加熱すると香りが飛んでしまうため、吟醸香を損なわないよう温度や時間を細かく設定して行わなければならない。

Notes 日本酒と健康⑤　日本酒を飲むと肌の表面まで血流が促進されるので、肌つやがよくなる。

造り3

酒造用水

水に含まれるミネラルの影響で、硬水で醸した酒は辛口に、軟水で醸した酒は甘口になる傾向がある。

日本酒成分の約80%は水であり、洗米、浸漬《しんせき》、加水など多くの製造工程で水が使用される。それゆえ、水の品質は酒の味わいを左右する。

酒造りに適した水かどうかは硬度と成分によって決まる。硬水で造った酒は辛口に、軟水で造った酒は甘口になるとされるが、これは、ミネラル含有量の違いによるものだ。

硬度が高い水にはマグネシウム、リン、カリウムなどのミネラルが多く含まれている。ミネラルは酵母の栄養分となるため、発酵が促進され、キレのよい酒になる。硬度が低くミネラルの少ない水は緩やかに発酵し、まろやかな酒になる。

ただし、製造技術が今ほど発達していなかった江戸時代には軟水での酒造りは難しかったため、硬度の高い水がよい水とされた。六甲山系の伏流水である「灘《なだ》の宮水《みやみず》」などがその代表だ。

近年では、土地の開発や化学物質による汚染のため、地域によっては上質の酒造用水が入手しづらくなっている。蔵ごと移転したり、遠方の水をタンクで運んだりと、各蔵は対応に苦慮している。

酒造水用の水質基準

酒造用水の水質基準は水道水のものよりも厳しい。特に差があるのが鉄、マンガン、亜硝酸性窒素で、水道水では鉄が0.3ppm以下、マンガンが0.05ppm以下、亜硝酸性窒素が10ppm以下であるのに対し、酒造用水では、鉄とマンガンはそれぞれ0.02ppm以下、亜硝酸性窒素は検出されないことと定められている。また水道水には規定のないアンモニア性窒素、細菌酸度、生酸性菌群に関しても酒造用水には基準が設けられており、酒造りには上質な水が欠かせないことがわかる。

知識チェック

Q 水の硬度は酒の味に影響するの？

A 影響する。

硬度が高ければ酸の多い辛口の酒（男酒）に、硬度が低ければ飲み口のやさしい甘口の酒（女酒）になりやすい。これは、硬度が高ければ高いほど、含まれるミネラルが多いことが原因である。発酵が進みやすい硬水のほうが酒造りに適しているとされ、硬度の高い水のある地域は昔から酒どころになっている。

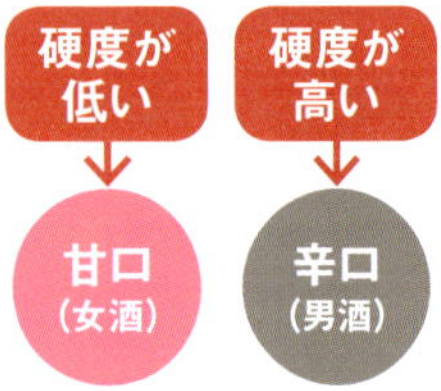

酒造用水の種類

分類	用途	用水としての条件
原材料	仕込み水	酒造用水として必要な条件
	割り用水	
原料米処理水	洗米水	酒造用水として必要な条件
	浸漬水	
雑用水	瓶詰め用水	酒造用水として必要な条件
	釜・ボイラー用水	水道水としての水質基準
	各種洗水	酒造用水として必要な条件
	タンクなど温度調節用水	水道水としての水質基準
	そのほかの雑用水	水道水としての水質基準

酒造りにはきれいな水が欠かせない。

水中のミネラルが酒に果たす役割

カリウム

麹菌や酵母などの微生物の栄養源となり、発酵を促進する。もともと米に含まれている成分だが、水に溶け出しやすく洗米や浸漬を行うことで流出してしまう。足りない分を水から補うことで、発酵が順調になる。最終的には粕に移るため、酒に含まれる量はわずかである。水の中には塩化物、硫酸塩、炭酸塩として存在している。

マグネシウム

カリウムと同じく微生物の栄養源となり、麹、酒母、醪の発酵を促進する。酵母の増殖には9.6ppm、発酵には4.8ppm以上が必要である。水中には塩化物や炭酸塩として含まれていることが多い。基本的に、水の硬度とは水中に含まれるカルシウムとマグネシウムの量を示す数値である。

無機リン

麹、酒母、醪の発酵を促進する。白米中にも有機リンとして存在しているが、無機リンでなければ効果を発揮しない。麹の酵素である酸性フォスファターゼによって無機化されるが、醪の初期段階では米から溶け出すリンの量が十分ではないため、水から補うことが必要になる。酵母の増殖には31ppm、発酵には15ppm以上が必須である。

そのほかの有効ミネラル

酒造りに効果のあるミネラルはカリウム、マグネシウム、無機リンだけではない。ナトリウムはカリウムが不足している場合に代わりとして働く。窒素化合物には生酛系酒母の早湧きを防ぐ作用がある。カルシウムやクロールは酵素の生産や安定化を助ける。また、カルシウムの多い水を割り水として使用すると味が崩れにくくなる。

✕ 鉄・マンガン・銅は不良成分

水に含まれる成分の中には酒に悪影響を及ぼすものもある。鉄は酒の色を褐色に変色させ香味も損ねるため、最も有害な成分とされている。銅も鉄と同じく変色の原因となり、マンガンは紫外線による無用な着色を促進させる。鉄や銅などの金属類は、水に含まれるものだけでなく醸造器具から溶け出してしまうこともある。

Notes 日本酒と健康⑥　酒風呂や化粧水に利用すると、米由来の成分の美白効果が期待できる。

造り4

酒造好適米

酒造りには、蒸し米や麹にしやすい米が使われる。
心白が大きく、たんぱく質や脂質は少ない。

日本酒の主原料である米。品質のよい米といえば、コシヒカリやササニシキなどが有名だが、これらは食用米である。食べておいしい米と日本酒造りに適した米は、必ずしも同じではない。

日本酒造りに向く米は「酒造好適米」と呼ばれる。酒造好適米の最大の特徴は、心白《しんぱく》があること。心白とは米の中央にある円形の部分で、でんぷん質が粗いため白く見える。組織の隙間が多いので食べるとパサつきを感じるが、酒造りにおいては、はぜ込みがよい（菌糸が入り込みやすく麹《こうじ》菌の生育がしやすい）というメリットがある。

また、上質の酒を造るためには、たんぱく質や脂肪が少ないことが条件となる。たんぱく質は麹の酵素で分解されるとアミノ酸に変化する。アミノ酸は旨味のもとになるが、多すぎると雑味となってしまう。余分な成分がなるべく少なく、でんぷん純度が高い米が酒米として上質ということになる。

酒造好適米は、栽培が非常に難しい。一般米よりも稲穂の背丈が高く、一粒一粒が大きいため、強風が吹けば倒れてしまう。また、密生しやすいため病虫害対策が必要で、手間もコストもかかる。手作業に頼らなければならないことも多いので、高度な技術を持った専業農家でなければ安定的に栽培できない。

酒造用米は、日本の米生産量全体の5％だが、そのうち酒造好適米とされるのは1％でしかない。食用米で造られる酒も多く、酒蔵好適米で醸される酒は、実は希少な存在といえる。

知識チェック

Q1 日本酒は必ず酒造好適米から造られる？

A1 食用米からも造られる。

酒造好適米は希少なため、むしろ、そのほかの米で造った酒のほうが多い。

Q2 山田錦や五百万石とは？

A2 酒造好適米の品種名。

山田錦と五百万石は二大酒造好適米として知られ、高級酒に多く使われている。各地の風土に合わせて開発されることが多く、山田錦は兵庫、五百万石は新潟で誕生した。最近では、地元産の米を使った酒造りが盛んで、全国各地でブランド米が誕生している。

よい酒造好適米

水分量が少ない

原料米の理想的な水分量は、玄米の状態で14.5～15％とされる。精米歩合70～50％の状態まで削るため、これ以上水分が多いと割れやすくなってしまうからだ。また、よい蒸し米を作るためには精米、浸漬の段階から吸水率を細かく設定することが必要となる。そのため、吸水の余地を残した、水分量の少ない米が適している。

米の水分量は各工程で重要になる。

大粒で心白が大きい

米粒の中心にある白色の部分を心白という。心白はでんぷん質が粗く隙間があるため、麹菌が中まで入り込みやすく繁殖しやすい。また、心白が大きいものほど吸水率がよく、酒母《しゅぼ》や醪《もろみ》の中で溶けやすいという特徴がある。精米しやすいので、心白部分が大きい大粒の米が好まれる。ただし、心白があまりに大きいと割れやすくなる。

中心の白く見える部分が心白。

ミネラルが適量含まれる

ミネラルは、麹菌や酒母などの微生物の栄養となり発酵を促進させる。特に、カリウム、マグネシウム、リンなどは酒造りに欠かせない。しかし、多過ぎると雑味のもとにもなるため、適量であることが重要となる。ミネラルは表面部分に多く、量は精米歩合によって調節される。

たんぱく質や脂質が少ない

たんぱく質や脂質は酒の品質に影響を及ぼす。たんぱく質が多過ぎる米は、醪の中で溶けにくくなる。また、たんぱく質は旨味成分であるアミノ酸のもととなるが、アミノ酸が多過ぎると酒の味が濃くなり過ぎてしまう。脂質もたんぱく質と同じく雑味の原因となるほか、香気成分であるエステルの生成を阻害してしまう。

- たんぱく質が多いと蒸し米が溶けにくい
- たんぱく質が多くなると旨味が多くなる

早生《わせ》種・晩生種とたんぱく質

4月に植えて8月に収穫する早生稲はたんぱく質が少なく、6月に植えて11月に収穫する晩生稲はたんぱく質が多い。早生稲は淡麗に、晩生稲は濃醇になりやすい。

Notes 日本酒の副産物① 醪を搾った後に残る酒粕は、食用や加工品用に流通している。

主な酒造好適米

五百万石

新潟の淡麗辛口ブームを
支えた早生品種

山田錦と並ぶ優秀な酒造好適米として知られている。昭和 32 年に、新潟県の気候風土に合う早生《わせ》稲として誕生した。名前は新潟県の米の生産量が五百万石を突破したことに由来している。機械での製麹《せいきく》に適しており、淡麗ですっきりとした味わいの酒になる。精米歩合を下げると砕けやすいという弱点がある。

山田錦

吟醸酒のために
生まれてきたような米

最も有名な酒蔵好適米である山田錦は、山田穂を母、短悍渡船《たんかんわたりぶね》を父として昭和 11 年に誕生した。心白が大きく、醪《もろみ》に溶けやすく、乾燥にも強いなど、酒造米として非常に優れた性質を備えている。また、融通性の高さも特徴で、造りで多少不備があっても酒質に影響がでにくい。ただし、栽培は非常に難しい。

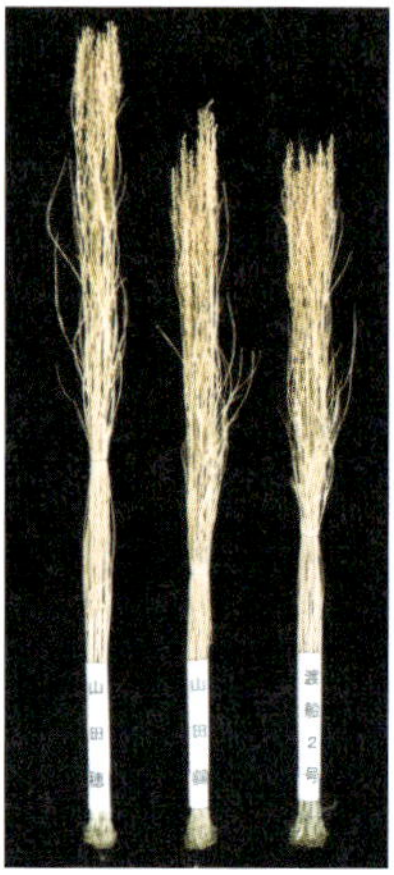

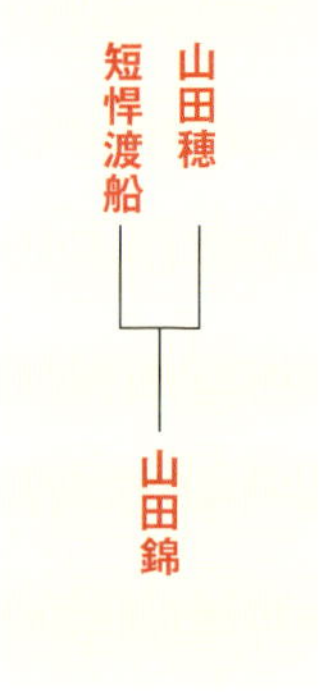

酒質は優れているが背が高過ぎる山田穂に、背が低い短悍渡船をかけ合わせて生まれた。

戦前から戦後にかけての酒造好適米

酒造好適米の研究、開発は戦前から行われてきた。最も古い酒造好適米である雄町《おまち》は、慶応2年にはすでに作られていたという記録がある。

今日でも圧倒的な人気を誇る山田錦は昭和11年に兵庫県で開発された。酒造米としての優秀さは群を抜いており、これに匹敵する品種は今に至るまで現れていない。雄町の流れをくむ五百万石が誕生したのは昭和32年、山田錦と五百万石をかけ合わせた越《こし》淡麗《たんれい》が誕生したのは平成17年のことである。

現在では、地元特産の酒を造ろうという風潮が高まっており、各地でその気候風土に合わせたオリジナルの米が開発されている。

酒造好適米の産地品種一覧

九州

福岡
山田錦
雄町
吟のさと
五百万石
壽限無

佐賀
西海134号
さがの華
山田錦

長崎
山田錦

熊本
山田錦
吟のさと
神力

大分
雄町
五百万石
山田錦
若水

宮崎
はなかぐら
山田錦

中国

鳥取
強力
五百万石
玉栄
山田錦

島根
改良雄町
改良八反流
神の舞
五百万石
佐香錦
山田錦

岡山
雄町
山田錦

広島
雄町
こいおまち
千本錦
八反
八反錦1号
山田錦

山口
五百万石
西都の雫
白鶴錦
山田錦

四国

徳島
山田錦

香川
雄町
山田錦

愛媛
しずく媛
山田錦

高知
風鳴子
吟の夢
山田錦

関西

滋賀
吟吹雪
玉栄
山田錦
滋賀渡船6号

京都
祝
五百万石
山田錦

大阪
雄町
五百万石
山田錦

兵庫
五百万石
山田錦
愛山
いにしえの舞
白菊
新山田穂1号
神力
たかね錦
但馬強力
杜氏の夢
野条穂
白鶴錦
兵庫北錦
兵庫恋錦
兵庫錦
兵庫夢錦
フクノハナ
辨慶
山田穂
渡船2号

奈良
露葉風
山田錦

和歌山
山田錦
五百万石
玉栄

東海・北陸・甲信越

新潟
五百万石
一本〆
雄町
菊水
越神楽
越淡麗
たかね錦
八反錦2号
北陸12号
山田錦

富山
雄山錦
五百万石
富の香
美山錦
山田錦

石川
五百万石
石川門
北陸12号
山田錦

福井
五百万石
おくほまれ
越の雫
神力
山田錦

山梨
吟のさと
玉栄
ひとごこち
山田錦
夢山水

長野
ひとごこち
美山錦
金紋錦
しらかば錦
たかね錦

岐阜
五百万石
ひだほまれ

静岡
五百万石
誉富士
山田錦
若水

愛知
夢山水
若水
夢吟香

三重
伊勢錦
神の穂
五百万石
山田錦
弓形穂

北海道
吟風
彗星
きたしずく

東北

青森
古城錦
華想い
華吹雪
豊盃
青系酒184号

岩手
ぎんおとめ
吟ぎんが
結の香

宮城
蔵の華
ひより
美山錦
山田錦

秋田
秋田酒こまち
秋の精
吟の精
美山錦
改良信交
華吹雪
星あかり
美郷錦

山形
羽州誉
改良信交
亀粋
京の華
五百万石
酒未来
龍の落とし子
出羽燦々
出羽の里
豊国
美山錦
山酒4号
山田錦

福島
五百万石
華吹雪
美山錦
夢の香

関東

茨城
五百万石
ひたち錦
美山錦
山田錦
若水
渡船

栃木
五百万石
とちぎ酒14
ひとごこち
玉栄
美山錦
山田錦
若水

群馬
五百万石
舞風
若水
改良信交

埼玉
さけ武蔵

千葉
五百万石
総の舞

神奈川
若水
山田錦

※太字は必須銘柄、そのほかは選択銘柄。
※東京、鹿児島、沖縄は酒造好適米の指定はない。

Notes 日本酒の副産物② 精米で削り取った部分は、米糠として加工品の原料になる。

造り5

精米

よく磨いた米で造った酒はクリアに、
表面の成分を残した米で造った酒は旨味を感じる。

日本酒造りでまず最初に行われるのが精米だ。**精米とは、原料である米を磨いて表面を削り取る工程**のことで、その削り具合は酒の味わいや香りを大きく左右する。

どの程度削っているかは**精米歩合《せいまいぶあい》**で表される。たとえば、私たちが普段食べている白米の精米歩合は90％前後。これは外側を約10％削ったことを示す。これに対し酒造りに使用する米は、**本醸造酒で70％以下、吟醸酒で60％以下、大吟醸では50％以下**と、より多くの部分を削っている。

米の表面には、たんぱく質やビタミン、脂肪などの成分（糠《ぬか》）が多く含まれている。これらには酵母の働きを促進する働きがあり、旨味のもとにもなるが、多過ぎると香味のバランスを崩したり雑味をだしたりするため調整が必要だ。基本的に、**よく磨いた米で造った酒はすっきりとしたタイプに、表面の成分を残した米で造った酒は旨味が多くなる。**

ちなみに、糠は、精米歩合60～50％の段階でほぼ削り取ることができる。中には精米歩合が20％台というような酒もあるが、これは技術力の高さを示して付加価値を高めるために、あえてより深く磨いているという面もある。

多く削れば削るほど、米が割れる可能性は高まる。特に、心白部分が大きい酒造好適米を使用している場合、割らずに削るには高い技術が必要となる。

十数時間～数日かけて精米した米は、落ち着かせるため、冷暗所で2～3週間保管される。この工程は「**枯らし**」と呼ばれる。

知識チェック

Q1 米はどうやって磨くの？

A1 精米機を用いる。

酒造用の米は、竪《たて》型精米機で磨かれる。内部で砥石《といし》が回転し、少しずつ米の表面を削る構造になっている。

Q2 精白率と精米歩合は同じもの？

A2 数値が示している部分が異なる。

削り取った部分の割合を示すのが精白率、残った部分の割合を示すのが精米歩合である。たとえば、精米歩合60％の場合、精白率40％と記しても同じ意味になる。しかし、ラベルなどの表示では精米歩合のほうがよく使用されている。

精米歩合

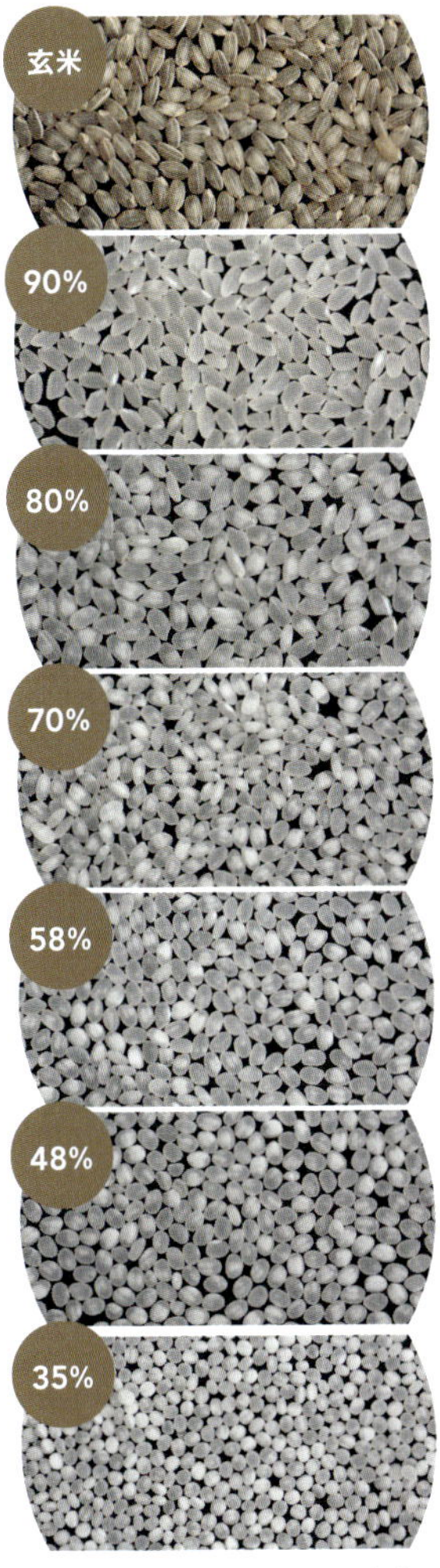

一般的な食用の白米の精米歩合は90％程度。糠は精米歩合60～50％の段階でほぼ削り取ることができ、35％では心白だけが残った状態になる。精米にかかる時間は70％で10～30時間、35％では70～100時間にも及ぶ。

米の構造

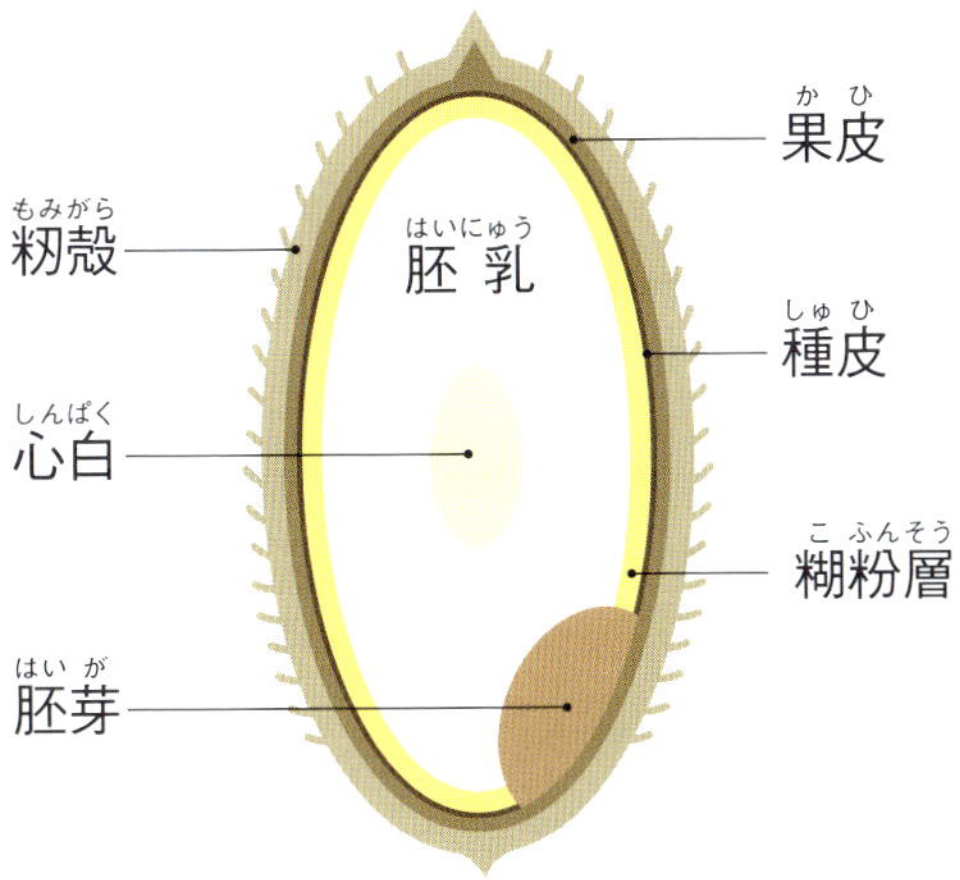

米の表面は何重もの層になっている。食用の白米も糊粉層や胚芽が削られ胚乳が露出した状態だが、酒用の米はさらに深く削り、たんぱく質や脂質などの不純物が残らないようにする。

Key word

【枯らし】

精米を終えた米を2～3週間程度、冷暗所で保管する工程を枯らしという。精米後は摩擦熱によって米の温度が上昇し、内部の水分が少ない状態になる。そのままでは砕けたり吸水にムラがでたりするため、温度が下がり水分量が均一になるまで米を休ませる必要があるのだ。

麻袋やタンクに詰め、適切な温度、湿度を保つ。

Notes 日本酒の副産物③　精米の際に削った米は、柿の種などの米菓の原料に使われることもある。

造り6

洗米と浸漬

米を洗い水に浸ける。ここでの吸水具合が蒸し米の出来を左右する。

精米を終えた米は、蒸される前に「洗米」「浸漬《しんせき》」という工程を経る。洗米とは米を水で洗うこと、浸漬とは吸水のことをいう。

麹《こうじ》、酒母《しゅぼ》、醪《もろみ》の原料となる蒸し米は、酒の品質のよし悪しを決定する。そのため、蒸しの作業は日本酒造りにおける最初の山場となるが、蒸しを成功させるためには前段階である洗米、浸漬を的確に行うことが重要となる。

蒸し米は、内側が軟らかく外側は硬い状態に仕上げるのが理想とされる。特に、麹に使う蒸し米は、麹の菌糸が米の内部まで入り込める程度の軟らかさを保ちつつ、米同士がくっつかないように外側が乾いた状態にしなければならない。

吸水率を正確に合わせるため、洗米、浸漬の段階から目標となる数値が定められ、作業は秒単位で時間を管理しながら進められる。

洗米は、精米の際に表面に残った糠や米くずを取り除くために行われる。食用よりも多く表面を削っているため、割れやすく水も吸収しやすい。細心の注意を払いつつ、手早く行うことが重要となる。

洗米を終えるとすぐに、米は新しい水に浸けられる。浸漬にかかる時間は、その日の気温や湿度、米の品種や精米歩合など、さまざまな条件のもとに決まる。また、吸水率は数秒の差で変化するため、ストップウォッチを用いて秒単位で管理している蔵も多い。

浸漬後の米は、水切りし一晩程度置いておく。これは米の中の水分を均一にするためで、精米後の工程と同じく「枯らし」と呼ばれる。

知識チェック

Q1 水の温度は決まっているの？

A1 10〜15度が一般的。水温が低いほど吸水が遅くなるので、精米歩合が低く吸水しやすい米の場合は冷たい水を用いる。

Q2 洗米は手作業で行っているの？

A2 自動洗米機を使用する場合が多い。洗米専用の機械があるので、ほとんどの蔵がそれを用いて行っている。ただし、よく磨かれた米は非常にデリケートで慎重に扱う必要がある。そのため、吟醸酒や大吟醸酒用の米は特別に手作業で行う蔵もある。

洗米の方法

1. 洗米機

洗米は、多くの場合機械を用いて行われる。機械は、パイプに米を流し入れると内部でシャワー状に水が噴出し、糠を洗い落とすという仕組みになっている。吟醸や大吟醸用の米の場合は、手作業で行う場合もある。

洗米機の内部で洗われた米は、水とともに流れ出てくる。

2. 限定吸水

ごく短時間だけ米を浸漬させる方法を限定吸水という。吟醸酒用の米は精米が深いため吸水率が高く、米質ももろくなるので限定吸水が用いられる。ストップウォッチで秒単位の管理をしている蔵もある。

秒単位で吸水をコントロールするために、米を小分けにして数人で作業する。

3. 米をポンプで運ぶ

機械による醸造を導入している蔵では、枯らし後の米の洗米機への移動と、洗米後の蒸し器への移動はポンプによって行われる。水分を含んだ米を手作業で運ぶのは重労働であり、ポンプを使用することで効率化を図れる。

水切りはなぜ必要か？

時間を計り浸漬した米は一晩程度水切りを行う。米の表面に残った水分を取り除き水分を均一にするのが目的で、水切りをきちんと行わないまま米を蒸すと、粘り気のある軟らかい仕上がりになってしまう。また、水切りの際は気温にも注意が必要となる。寒冷な場所では米が凍ることがあるが、凍った米は軟らかい蒸し米になる。一方、暖か過ぎるとバクテリアが繁殖し、蒸し米や粕が赤く変色するおそれがある。蒸し米にする前日の午後に洗米と浸漬を行い、一晩かけて水切りを行うのが一般的だが、洗米や浸漬の具合によって時間は調整される。この作業は精米後の工程と同じく枯らしと呼ばれることもある。

水を切ることで米の水分量が均一になる。

Notes 日本酒と行事① 花見酒・月見酒 花見や月見の宴会は、伝統的な風習として親しまれてきた。

造り7

蒸米

蒸し米の理想は外硬内軟。
米をα化させ糖化しやすい状態にする。

食用の米を調理するときは炊くのが普通だが、酒造りの米は蒸して使われる。蒸気でじっくりと加熱した米は菌が繁殖しやすい「外硬内軟《がいこうないなん》」の状態になる。また、でんぷん質が適度にα化されるため糖化しやすくなる。

米のα化とは軟らかく粘り気のある状態になることをいう。生の米はでんぷんが結晶状に詰まっているが、水と熱を加えることで構造が変化し隙間ができる。その分、内部まで酵素の作用を受けやすくなるので、糖への変化がスムーズになる。

麹《こうじ》、酒母《しゅぼ》、醪《もろみ》のもととなる蒸し米の出来は酒の品質に直結する。さばけがよく（ほぐれやすい）、外側が硬く、内側が軟らかい仕上がりを目指して、細心の注意を払いながら作業が進められる。

米を蒸す蒸し器は甑《こしき》と呼ばれ、底に開いた穴から下部で熱せられた水が蒸気となって噴出する仕組みになっている。昔から木製のものが使われてきたが、洗浄や消毒に手がかかることから、現在ではステンレス製の甑を使用している蔵が多い。また、自動連続蒸米機という機械を用いているところもある。

蒸しで重要なのは、高温の強い蒸気で蒸すこと。100度まであがった蒸気が、まだ冷たい米の表面に当たることで結露ができる。その水分が凝縮し米の内部へと浸透することで、でんぷんがα化する。

蒸し上がった米は、麹用、酒母用、醪用に分けられ、それぞれに応じた温度に冷まされる。むしろに広げて冷ます方法や、ベルトコンベアにのせて冷ます方法がある。

知識チェック

Q1 甑で蒸す場合と機械を使用する場合で違いはあるか？

A1 仕上がりに差がでる。

手作業で蒸すのは重労働だが、甑で蒸した蒸し米のほうがよい仕上がりになる。

Q2 「ひねり餅」って何のためのもの？

A2 蒸し米の状態を確認するために作る。

蒸し米の出来具合は酒造り全体に大きく影響する。そのため、外硬内軟の状態に仕上がっているかどうかは職人が直接確認している。このとき、硬さや水分量を見るために少量の蒸し米を板に取って潰すが、これをひねり餅と呼ぶ。

蒸米の過程

1. 蒸気が100度に上昇
2. 蒸気が冷たい米の表面で結露し、米のまわりに水分が付着
3. 水分が米粒内部へ
4. でんぷんのα化
たんぱく質の形成
脂肪の分解、揮散《きさん》

蒸気が米の内部まで浸透する。

蒸し上がった米は広げて冷ます。

放冷温度

蒸し上がった米は使用目的に応じて適切な温度まで冷まされる。麹用で34～36度、酒母用で35～40度、醪用で15～17度が目安となる。ベルトコンベアに広げた米に送風して冷ます方法や、むしろの上に広げて外気で冷却する方法がある。冷却は、蒸し米から水分が蒸発することによって起こる。そのため、最初に急激に温度が下がり、その後はゆっくりと冷めていく。気温によっても冷却具合は異なるため、そのつど調整しなければならない。

Key word

【外硬内軟】

米の外側はさらさらとして米同士がばらける程度の硬さがあり、内側は軟らかく水分が保たれている状態のことを「外硬内軟」と表現する。蒸し米の理想の形であり、特に麹に適した状態でもある。

米粒がくっつかずにばらけていれば麹菌は各粒にまんべんなく繁殖できる。また、内側にある水分を目指して菌糸を深く伸ばすので、はぜ込み（菌糸の米への食い込み具合）がよくなる。

外硬内軟の蒸し米を作るためには、米の品種や精米歩合に応じて目標の吸水率を設定し、それにぴったり合わせるよう管理しなければならない。

Notes 日本酒と行事② 夏越《なご》しの酒　田植えを終えた6月の晦日に酒を飲み、半年間の汚れを落とす。

造り8

製麹

糖化に必要な酵素を供給するのが麹の役割。
蒸し米に麹菌をまぶして繁殖させる。

麹《こうじ》は黄《き》麹菌《こうじきん》の胞子を蒸し米に繁殖させたもので、蒸し米に麹菌をふりかけて作られる。「一麹、二酛《もと》、三仕込み」といわれるように、製麹《せいきく》は日本酒造りの中でも重要な位置を占めている。

麹の役割は①米の糖化を促す酵素を供給すること、②酵母の栄養分になること、③酒質に影響を与える成分を作り出すことである。

でんぷん質の米はそのままではアルコールにならない。アルコール発酵をさせるためには、まず、でんぷんを糖に変える必要がある。麹に含まれるアミラーゼなどの酵素は、でんぷんを糖化させる働きを持つ。また、麹は酵母の栄養分となるビタミン、酒の旨味となるアミノ酸や香気成分なども生成する。

麹作りは、麹室《こうじむろ》、または製麹室《せいきくしつ》と呼ばれる専用の部屋で行われる。麹菌繁殖のための最適温度は30度と高く、湿度も60％程度必要となる。そのため、温度や湿度を保つために、麹室の扉は二重構造になっていることが多い。

製麹は機械で行う場合と、手作業で行う場合がある。機械麹法であればコンピュータが温度、湿度を自動で管理するが、手作業の場合は暖房やストーブ、加湿器などを用いて調整しなければならない。

黄麹菌をふりかけた後は、菌糸の生育が均一になるよう、蒸し米を何度もかき混ぜる。麹作りにかかる時間はおよそ2日間である。

でき上がった麹の品質は、麹菌の繁殖状態によって判定される。基準となるのは菌糸の食い込み具合で、「はぜ」と呼ばれている。

知識チェック

Q1 麹作りにはどのくらいかかる？

A1 丸2日間かかる。

通常の麹は48〜50時間程度でできるが、吟醸酒用などで少量ずつ作る場合は60〜70時間かかることもある。

Q2 アミラーゼって何？

A2 でんぷんを糖化する働きを持つ酵素。

アルコールの生成は、酵母が糖を分解することで行われる。日本酒の原料となる米は糖分を含んでいないため、まず、でんぷんを糖に変える必要がある。でんぷんを糖化させる働きを持つアミラーゼは、日本酒造りに欠かせない酵素である。

麹の役割

1. 酒母や醪に「酵素」を供給する。
 ※この酵素により蒸米は溶解し、糖化する。
2. 酵母の栄養となる。
3. 麹菌が作る成分が酒質に影響を与える。

種麹

種麹とは麹を作る際に用いる麹菌のことで、「もやし」とも呼ばれる。木灰を混ぜた蒸し米に麹菌を繁殖させ、その胞子を乾燥させて製造する。種麹を作る専門のメーカーがあり、だいたいはそこから購入している。

種麹は2～3種類の麹菌を混ぜ合わせて作られるため、麹菌の種類や配合によって製麹時に現れる性質が異なる。そのため、目指す酒質に応じて種麹も使い分けられている。

種麹はなるべく均一になるように蒸し米にふりかけていく。胞子がばらけず塊状になると、発芽率が下がる。また、種麹の使用量が多いほど製麹にかかる時間は短くなり、使用量を極端に減らすと、でき上がった麹は突はぜ型になる。

種麹はもやしとも呼ばれる。

Key word

【はぜ】

蒸し米に麹菌が繁殖し白く見える部分のことを「はぜ」という。米の表面にはぜが広がった状態は「はぜ廻り」、中心部まで菌糸が食い込んだ状態は「はぜ込み」といい、麹の出来の目安となる。

はぜ廻りもはぜ込みもよく米全体に麹菌が繁殖した総はぜ型は、濃醇な酒になる。一方、表面のはぜはまばらながら、はぜ込み具合がよいものを突《つき》はぜという。上品で淡麗な味わいになるため、吟醸酒に向く。

はぜの状態が悪いものには、麹菌が多くつき過ぎる「ばかはぜ」、表面にしか菌糸がつかない「ぬりはぜ」がある。

Notes 日本酒と行事③　雪見酒　雪を詰めた器に酒を注ぐ「雪割り酒」が楽しめる。

全ての製麹工程を手作業で行う伝統的なふた麹法。引き込みから出麹までで2日はかかる作業だ。

ふた麹法

使うふたはどんなもの？

麹《こうじ》は、麹ぶたと呼ばれる木製の専用のふたに載せて造る。1.5kg盛りで、サイズは縦45cm、横30cm、深さ5cm程度、材質は柾目《まさめ》（まっすぐな木目）の杉が一般的だ。常によく乾燥した状態のものを使用できるように、必要量の4～4.5倍の枚数を用意する。

木でできているため吸水性があり、麹の湿度を調整できる。

1 引き込み

蒸しの工程を終えた米を麹室《こうじむろ》に運び込む。引き込み時の温度は34～36度が標準で、適温になるまで冷ましてから運ばれる。さらに、麹室の中でも床《とこ》と呼ばれる台の上に布をかけて1～2時間置き、温度が均一になるようにする。麹室の中は麹が繁殖しやすい温度30～35度、湿度60％程度の環境に保たれている。

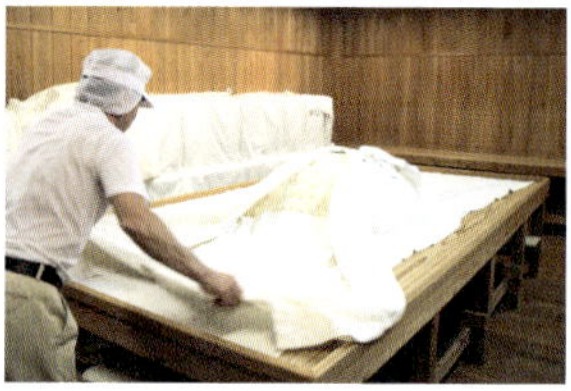

床と呼ばれる台の上に蒸し米を運び込み、布をかけて置いておく。

2 床《とこ》もみ

引き込みによって温度、水分が均一化した蒸し米をほぐして床一面に広げていく。そして、種麹がまんべんなく行きわたるようふりかけ、よくもみ合わせる。通常、白米100kgに対し100gの種麹を使用する。床もみが終わった段階の蒸し米の温度をもみ上げ温度といい、蒸し米の用途によって適切な温度が異なる。酒母用は32～33度、仕込み用は31～33度とされるが、麹菌の発芽、増殖の最適温度は35度前後であり、製麹《せいきく》期間を短縮したい場合などは少し高めにすることもある。床もみが終了したら、米を床の上に再び積み上げる。まだ発酵による発熱はないので、温度の低下や乾燥を防ぐため布やビニールでくるみ、10～12時間おく。

種麹はふるいにかけて蒸し米にふりかける。

米粒にもみ込むようにして種麹をまぶす。

布やビニールで保温し10～12時間おく。

！ 麹菌が発芽・増殖する最適温度は35度前後

参考：『増補改訂　清酒製造技術』／（財）日本醸造協会

3 切り返し・盛り

床もみから時間が経ち乾燥して固まった米をほぐしていく。この作業を切り返しという。温度と水分を均一にし、麹菌に酵素を供給する目的がある。切り返し後は蒸し米を再び積み上げ布で包む。10 ～ 12 時間経過すると、部分的にはぜが見られるようになる。この状態になったら発熱が始まるので、温度があがり過ぎないよう軽く揉みほぐしてから 1.5kg ずつふたに盛り、6 ～ 8 枚を積み重ねるようにして棚に並べる。

少量ずつ盛ると温度管理がしやすくなる。

切り返しは力のいる作業で蔵人総出で行う。

4 仲仕事《なかしごと》

盛りから 7 ～ 9 時間経つと、蒸し米の温度は少しあがって 34 ～ 36 度になる。この時点で、温度があがり過ぎないように全体をよくかき混ぜる。その後、ふたの中央に蒸し米を 6 ～ 7cm の厚さに広げ、盛った表面に溝をつける。表面積を大きくすることで水分を蒸発しやすくするためである。終わったら、1 枚ごとに空ふたをはさみながら 6 ～ 8 枚ずつ積み重ね、棚に並べ布をかける。

溝をつけることで表面積が広がる。

職人がひとつひとつ手作業で行う。

5 仕舞仕事《しまいしごと》

仲仕事後、6 時間程度で蒸し米の温度は 39 度まで上昇する。丘状に盛った蒸し米を再びかき混ぜ温度を 1 ～ 2 度下げたら、ふたの中で均一に広げる。そして、3 本の溝をつけ表面積を広げる。その後、仲仕事と同様に 1 枚ごとに空ふたをはさみながら積み重ねる。ここでは布はかけずそのままにしておく。

6 積替え

仕舞仕事から 3 ～ 4 時間経つと、蒸し米の温度は約 40 度になる。菌糸の生育状況にムラがでないよう、ふたの上下や前後、場合によっては位置を入れ替え、40 度前後を保つようにする。積替えの作業は仲仕事と仕舞仕事の間などにも状況に応じて適宜行う。

入れ替えることで発酵のばらつきを防ぐ。

7 出麹《でこうじ》

酒母用の麹は仕舞から約 12 時間、仕込み用は約 8 時間で完成となる。完成したら麹菌の繁殖がそれ以上進まないよう、麹室からだす。ここまでの製麹工程にかかる時間は、酒母用で 48 ～ 50 時間、仕込み用で 43 ～ 45 時間となる。麹室からだした麹は、暗い場所で 20 時間ほど乾燥させる。

完成した麹は麹室からだして乾燥させる。

Notes 日本酒のマナー① 日本酒を注ぐときは、銚子や徳利を右手で持ち、左手を下に添える。

そのほかの製麹方法

ふた麹よりも大きな容器を用いて行うのが箱麹、床麹。自動式の機械で行う製法もある。

箱麹法／床《とこ》麹法

使う箱、床の大きさは？

箱麹法はより効率よく作業を行うための製法で、一度にたくさんの麹が作れるよう箱のサイズはふたよりも大きい。盛り量が 15kg、20kg、30kg、45kg のものがあり、それぞれ大きさが異なる。長方形で、通気性をよくするため底が木製のスノコまたはステンレスの金網になっている。床は箱よりもさらに大きい。床麹法は、引き込みから出《で》麹《こうじ》までひとつの床で行う場合と、引き込みから盛りまでとそれ以降とで床を分ける方法がある。

箱や床はふたよりも大きく、一度にたくさん製麹できる。

基本はふた麹と同じ

箱麹法も床麹法も、基本的な作業手順はふたを用いる場合と変わらない。箱麹法では盛りの段階で箱に布を敷き、その上に 6 ～ 8cm の厚さになるよう蒸し米を敷き詰める。盛り後に新床を用いる床麹法では、蒸し米を床一面に 6cm ほどの厚さに広げて作業を行う。どの製法で作っても大きな差はない。吟醸酒などの高級酒はふた麹、中級酒は箱麹、普通酒は床麹というように分けている蔵もある。

手作業で蒸し米をほぐし、種麹をまぶしてかき混ぜる。

機械麹

簡易な方法
引き込みから盛りまでは床で行う蔵も

麹作りには丸 2 日間もかかる。高温多湿の麹室の中で手作業で麹を作るのは重労働であり、蔵人の負担軽減のため機械を用いている蔵も多い。機械麹には、全ての工程を全自動式の機械で行うものと、引き込みから盛りまでは手作業で行うものがある。基本的には、麹の状態に応じて温度と湿度を調節した空気を送風する仕組みで、かき混ぜとならしの機能がついたものもある。最近は、全ての工程をコンピュータ制御で行える機種も増えている。

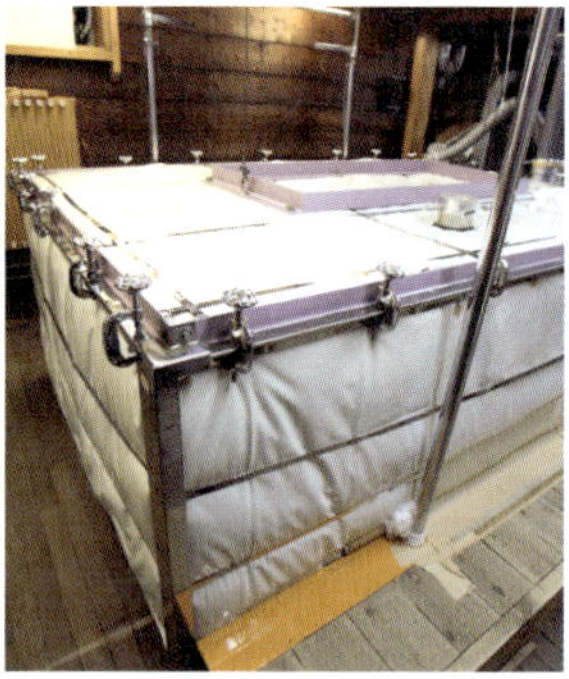

コンピュータが温度湿度に応じて送風加減を自動的に調整する。

麹にまつわるはなし

麹菌はどんな条件で生育するの？

麹菌は暖かく湿度の多い環境を好む。種麹の胞子が発芽するには、蒸し米の温度が 30 ～ 35 度、湿度が 97% 以上が最適とされる。この状態を保てば、種つけから 1 ～ 2 時間で半分の胞子を発芽させることができる。発芽後、菌糸が育つのに最適な環境は、温度 37 ～ 38 度、湿度 75% 以上。蒸し米の吸水率が適切であることが条件となる。発芽のための条件と菌の育成のための条件が異なるため、床期間と盛り以後で環境を変える必要がある。また、たんぱく質分解酵素は 37 ～ 38 度、でんぷん分解酵素は 40 度以上ででてくる。精米歩合が同じであれば、リン酸を多く含んだ米ほど発酵速度が速くなる。

温度と湿度が麹菌の成長の鍵となる。

麹菌の繁殖しやすい米ってどんな米？

心白が大きく外硬内軟に蒸された米が麹菌の繁殖に適している。心白部分はでんぷん質の組織が粗いため、麹菌は菌糸を隙間にくい込ませながら繁殖できる。また、外硬内軟の米は、菌糸を米の内側に深く伸ばすことができ、米同士がばらけているため各粒にまんべんなく繁殖することができる。ちょうどよい状態に蒸し上げるためには水分量のコントロールが重要で、米の品種や精米歩合から吸収率を見極め、洗米や浸漬の段階から計算しておく必要がある。

全ての米粒にまんべんなく菌を繁殖させる。

麹室が木の壁なのはなぜ？

麹室は多くの場合木でできている。木の壁には、温度や湿度の微妙な調整がしやすいことのほかに、結露が生じにくいというメリットがある。麹室内は温度、湿度が高いため通常だと壁に結露が生じやすいが、水滴が落下して麹につくと水分量にムラがでてしまう。また、不要な水分は雑菌の繁殖場所になるため、麹の汚染につながりかねない。吸水性のある木材を壁に使用することによって、このような問題を防ぐことができる。製麹の過程の中でふたや箱に盛った麹に布をかけるのも、余分な水分を吸収させるためである。

ふたや床も木でできている。

Notes 日本酒のマナー② 手のひらを上にして注ぐ「逆手注ぎ」は不祝儀を表し、失礼に当たる。

造り9

麹の酵素

でんぷん分解酵素やたんぱく質分解酵素が蒸し米を溶解させる。

蒸し米の上に撒かれた黄麹《きこうじ》菌は水分を吸収して発芽し、菌糸を米の内部まで伸ばして繁殖する。その際、増殖に必要な栄養分を得るためにさまざまな酵素を生成する。

酵素とは、生物の体内で形成されるたんぱく質の一種で、物質を分解したり結合したりする作用がある。よく酵母と混同されるが、酵母はアルコール発酵を担う菌であり、酵素とはまったく異なるものである。

麹が作る酵素は、でんぷん分解酵素、たんぱく質分解酵素、脂質分解酵素の3つに大別することができる。このうち、糖化に関わるのがでんぷん分解酵素で、α-アミラーゼ、グルコアミラーゼ、α-グルコシダーゼの3種類が存在する。液化《えきか》酵素であるα-アミラーゼがでんぷんの組織を小さく分断し、糖化酵素であるグルコアミラーゼ、α-グルコシダーゼが糖に変化させる。米麹の甘味は、これらでんぷん分解酵素の働きによって生まれている。

たんぱく質分解酵素は酒の旨味成分であるアミノ酸の生成に関わる。まず、酸性プロテアーゼが、たんぱく質をアミノ酸が結合した状態であるペプチドに分解する。それを酸性カルボキシペプチダーゼがアミノ酸に分断していく。

脂質分解酵素はリパーゼと総称される。脂質を脂肪酸とグリセリンに分解する作用があるが、酒造りの中でどのように影響するかについての研究は進んでいない。

このほかにも麹が生成する酵素はたくさんあるが、働きが解明されているものは、まだまだ少ないのが現状だ。

知識チェック

Q1 酵素は酒の味とも関係がある？

A1 酒の味にも影響する。

酵素が作り出す物質は味の要素でもある。糖は酒の甘味に、アミノ酸は旨味やコクにつながる。

Q2 酵素と酵母は同じようなもの？

A2 まったく性質が異なる。

酵素は生き物の体内で作られるたんぱく質。日本酒造りでは、米のでんぷんを糖化さる役割を持つ。一方、酵母は酵素の働きによってできた糖を食べてアルコールを生成するのが酵母である。酵素は物質であり、酵母は微生物なので、まったく異なる性質の存在である。

麹に含まれる酵素

でんぷん分解酵素

α-アミラーゼ

でんぷんは複数の分子が鎖状に連なった状態で米中に存在している。α-アミラーゼはこれを分断し、マルトース（オリゴ糖）に変化させる。この変化をでんぷんの液化ということから、液化酵素と呼ばれる。でんぷんの糖化の第一段階を担う酵素である。

グルコアミラーゼ

α-アミラーゼによってマルトースにまで分解されたでんぷんを、さらに細かく分解してグルコース（ブドウ糖）に変化させる。これによってでんぷん質の糖化が完成するため、糖化酵素と呼ばれている。グルコースの生成速度と関係する重要な酵素である。

α-グルコシダーゼ

グルコアミラーゼと同じく、α-アミラーゼによってできたマルトースをグルコースに変化させる糖化酵素。グルコースを水の分子と結合させる加水分解も担う。また、エチルアルコールの結合など酒の香味に関わる働きをすることでも知られる。

たんぱく質分解酵素

酸性プロテアーゼ

蒸し米に含まれるでんぷんを溶かし、2～20個のアミノ酸がつながったペプチドに分解する。また、たんぱく質に付着したα-アミラーゼを分離させる働きがあり、蒸し米の溶解を促進することから、醪《もろみ》の並行複発酵に欠かせない酵素である。

酸性カルボキシペプチダーゼ

たんぱく質や、酸性プロテアーゼが生成したペプチドをアミノ酸に分解する酵素。麹菌は性質の異なる数種類のペプチダーゼを生産し、それらが相互に作用することによってアミノ酸が作り出される。

そのほかの酵素

麹はでんぷん分解酵素とたんぱく質分解酵素のほかにもさまざまな酵素を作り出している。

酸化還元酵素であるチロシナーゼはメラニン色素の生成に関わり、酒粕を黒く変色させることがある。フィターゼは、米に含まれるフィチン酸からリンを分離させる働きがある。酸性ホスファターゼもリンに関わる酵素で、酵母の増殖に必要な無機リン酸を作り出す重要な役割を担っている。脂質を分解する酵素はリパーゼと総称され、エステルの生成に関わる。

麹の酵素が酒造工程で果たす役割についてはまだ研究が尽くされておらず、働きがよくわからない酵素も多く存在している。

多くの酵素が酒質に影響を与えている。

Notes 日本酒のマナー③　相手の杯を確認し3分の1以下になっていたらお酌のタイミングである。

造り10

酒母造り

醪のアルコール発酵をスムーズにするため、あらかじめ酵母を増殖させておく。

日本酒のアルコールは、蒸し米に酵母を加えて発酵させることで生じる。大量の米をスムーズに発酵させるためには、大量の酵母が必要になる。そこで、あらかじめ酵母を増殖させたものが酒母《しゅぼ》（酛《もと》）である。

酒母はタンクに入れた蒸し米、麹《こうじ》、仕込み水の中に酵母を加えて造られる。このとき、雑菌や野生酵母などが混入すると酒の品質に影響が出てしまう。これらを駆逐するのが乳酸であり、醸造用乳酸を添加して造る酒母は速醸系、自然の力で乳酸菌を生成させてから酵母を加えて造るものは生酛系という。

生酛系は管理が難しく手間がかかるため、現在、多くの蔵で、安定した酒母造りが行える速醸系を採用している。しかし、生酛系の酒母は風味濃醇な酒質に仕上がると、根強い支持も受けている。

生酛系酒母には、酛すり（櫂《かい》で蒸し米と麹をすり潰す作業で山卸《やまおろ》しともいう）を行う「生酛《きもと》」と、行わずに仕込む「山廃《やまはい》酛」とがある。

このように、酒母造りは生酛系と速醸系の2つに分けられることが多いが、ほかの手法で酒造りを行う蔵もある。たとえば、菩提酛《ぼだいもと》は奈良時代から伝わる伝統的な方法で、現在でも数軒の蔵で菩提酛を用いた酒造りを行っている。また、近代的な技術を駆使したのが高温糖化酒母で、高温で仕込むため酵母の育成期間が短く、効率よく酒母を造ることができる。

酒母が完成するまでにかかる時間は、速醸系で10日〜2週間、生酛系で3週間〜1ヶ月程度である。

知識チェック

Q1 野生酵母とはどんな酵母?

A1 自然界に存在する酵母。

培養したい酵母以外で、原料、容器、空気中などから入り込む酵母のことを野生酵母という。野生酵母が入ると酒母の管理が難しくなる。

Q2 乳酸にはどのような役割がある?

A2 酒質に悪影響を与える菌の繁殖を防ぐ。

酒母造りの目的は、酵母を大量に純粋培養することだ。このとき、微生物や野生酵母などが入り込むと、酒の品質が悪化してしまう。乳酸菌にはこうした有害物質の繁殖を抑え、酒母の汚染を防ぐ働きがある。

酒母＝酵母をたくさん含んだ発酵スターター

どうして酵母が必要？

大量の米を安定的に発酵させるためには、大量の酵母が不可欠。しかし、酵母の増殖にはある程度時間がかかるため、あらかじめ品質のよい酵母だけを培養した酒母が必要となる。また、酒母に含まれる乳酸には雑菌の繁殖を防ぐ効果もある。

↓

よい酵母とは？

1. 目的とする清酒酵母を多量に含み野生酵母や細菌は含まない
2. 所定濃度の乳酸を含む
3 酵母が元気な状態であること

酒母の種類

速醸酛

最初から乳酸を加えて造った酒母。工場で醸造用に製造された純度の高い乳酸を添加する。初期段階から必要な酸度を保てるため管理がしやすく、酒母完成までの期間も短縮できる。多くの蔵がこの方法を採用している。

生酛・山廃酛

自然界にいる乳酸菌に乳酸を生成させてから酵母を増殖させる方法を生酛造りという。この工程の一部に手作業で米をすり潰す「山卸し」があり、山卸しを行わずに造った酒母を山廃酛という。

伝統的な生酛にこだわる蔵もある。

Key word

【酵母の保管】

完成した酒母は使用するまで何日か保管する。これは、酵母の増殖を止めるために行うもので、温度を6~7度まで下げる。温度を下げることで不必要な野生酵母を死滅させる効果もあるが、低温過ぎたり期間が長過ぎたりすると、培養した清酒酵母まで殺してしまう。酒母を元気な状態で使用するためには、適切な状態で行うことが鍵となる。

期間は、酵母の種類、仕上がり時の温度などを見極めながら5~15日の間で調整する。速醸酛は酵母の死滅が速いため、短めになる。ちなみに、この期間も枯らしということがある。

Notes 日本酒のマナー④ 断っている相手に酒を強要してはいけない。ほかの飲み物をすすめよう。

酒母ができるまで

酒母造りは酵母を元気に保つため、温度を厳密に管理しながら行う。ここでは生酛系酒母の手順に沿って紹介する。

1 仕込み（酛《もと》仕立て）

蒸し米は芯の硬い状態になるよう、布に包み数時間置いておく。ほどよく冷めたら布からだし、かき混ぜながらさらに温度を下げる。12～15度になったら蒸し米、麹、水の順に浅い桶に移し、全体がよく混ざり合うよう手でかき混ぜる。この桶は半切りといい、1個酛（約100kg）当たり6～8枚使用する。

冷ましておいた蒸し米を桶に移し、麹、水とともに発酵させる。

2 手《て》酛《もと》

仕込み後5～6時間経ち蒸し米が表面の水分を吸収したら、爪と呼ばれる木のへらで全体を均一に混ぜる。この攪拌《かくはん》作業を手酛といい、2～3時間おきに数回行う。粘り気をださないよう気をつけながら、米を軟らかくしていく。終わったら桶に布をかぶせて置いておく。

米がべたつかないように気をつけながら、木のへらで全体をかき混ぜる。

3 山卸《やまおろ》し

仕込みから15～20時間後、蒸し米や麹が軟らかくなり膨張し始めたら蕪櫂《かぶらがい》という道具ですり潰す。作業は2人1組で行う。3時間ごとに荒櫂、二番櫂、三番櫂の3度に分けて行うのが基本だが、三番櫂は軽くすませるか行わないこともある。また、荒櫂の作業は足で踏み潰して行う場合もある。山卸しについては、行わなくても酒母の成分には違いがないため山廃《やまはい》造りも浸透している。

櫂で米と麹をすり潰すのが山卸し。2人1組になって行う。

4 折込み・酛《もと》寄《よ》せ

山卸しを終えたら半切り2枚分を1枚に合わせる。これを折込みという。しばらく置いて温度が6～8度になったら全てを酒母タンクに移していく。これを酛寄せという。

参考：『増補改訂　清酒製造技術』／（財）日本醸造協会

5 打瀬《うたせ》

酒母タンクに合わせ入れてから次の工程に移るまでの期間を打瀬という。特に何もせず、随時櫂でかき混ぜながら6～8度を保つようにする。温度があがり過ぎても下がり過ぎても早湧き（野生酵母による汚染）の原因となる。

6 暖気《だき》

仕込みから4～5日後に最初の暖気入れを行う。酒母の温度を少しずつあげるのが目的で、湯を詰めた木製の樽をタンクに入れてかき混ぜる。金属やプラスチック製のものを使うこともある。この後、1日に2度程度の上昇を目安に暖気を継続する。1～2週間で乳酸菌が増えていく。

暖気樽の仕組みは湯たんぽと同じ。

7 ふくれ

仕込みから2週間ほど経ち温度が15～17度になったら酵母を加える。酵母の増殖が始まると炭酸ガスが発生し、酒母がふくらんでいるように見える。これをふくれという。ふくれが早い場合は温度を下げ、遅い場合は温度をあげて調整する。また、酒母の体積が増え過ぎると、酵母の増殖に悪影響となる。

酵母の増殖により泡が立ち始める。

8 湧《わき》つき～湧つき休み

本格的に発酵が始まると、泡が盛んにあがるようになる。表面に白くて軽い泡があがった状態を湧つきといい、ここで温度をさらに1～2度あげる。高泡（最も泡が高い状態）になると発酵熱がで始めるので暖気入れを止める。これを湧つき休みという。

泡の状態を見て発酵具合を確かめる。

9 温《ぬく》み取り

湧つき休みを終えたら、温み取り用の大きな樽に熱湯を詰め酒母の温度を27～30度に急上昇させる。高温にすることで雑菌を殺す目的がある。発酵が順調に進んでいる場合は、温み取りを行わなくてもよい。

25日前後で酒母が完成する。

10 酛分け・酛戻し・枯らし

酒母が完成したら発酵を止めるため温度を下げる。温度を下げるため半切りに入れることを酛分け、冷えた酒母を再びタンクに戻すことを酛戻しという。その後、5～15日ほどの枯らしを経て、酒母は使用される。

完成（酛卸し）

Notes 日本酒のマナー⑤　席を立ってお酌をするときでも、徳利を持ち歩いてはいけない。

速醸酛

醸造用乳酸を添加して造る酒母

仕込み水に醸造用の乳酸を投入しておく。菌や微生物の繁殖を抑えられる。

酸性を保つことで、安定的な酒母造りが短期間で行える

速醸酛《そくじょうもと》は明治43年に国立醸造試験所で開発された。安定的な酒母《しゅぼ》造りを行えるため、現在では主流の手法になっている。

速醸酛の最大の目的は、必要な酸度をすばやく手に入れることである。乳酸菌には酒質に悪影響を与える微生物や菌を駆逐する効果があるが、自然に増殖させるには時間がかかる。醸造用に製造された液状の乳酸を最初の段階で投入することで、タンク内が一気に酸性になり、微生物や菌の繁殖を抑えることができる。そのため、一定の品質を保った酒母を効率的に生産することができる。乳酸菌が生成する副産物や、硝酸還元菌などの微生物がないことで、酒の味わいは淡麗になる。

また、速醸酛には、その名のとおり酒母の育成が速いという特徴もある。乳酸菌を育成する期間が短縮でき、高温で仕込むため蒸し米の溶解や糖化も速い。仕込み後1週間で酵母が発酵してふくれが始まり、5日間の枯らしを含めても約2週間ほどで酒母が完成する。期間の短さは、労力を減らしコストを下げることにもつながっている。

速醸酒母の製造経過と成分変化

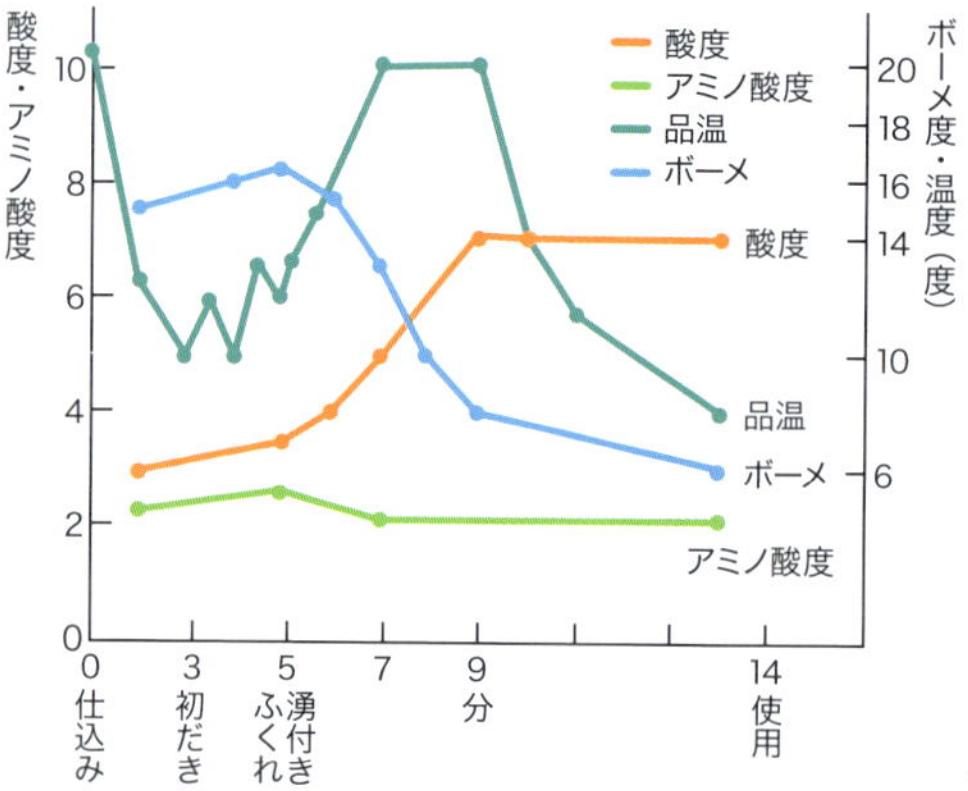

出典：『発酵と醸造Ⅱ』東和男編著／光琳・20ページ図2-8より

生酛・山廃酛

乳酸菌の力で乳酸を得て造る酒母

乳酸菌を培養する分、完成までに時間がかかる。

伝統的な手法を用いる生酛 山卸しを廃止したのが山廃

生酛《きもと》造りは古くから伝統的に行われてきた手法で、蔵内に存在する乳酸菌を取り込み繁殖させることによって乳酸を得る。乳酸を得て安定するまでに時間がかかるため、多くの微生物や菌が活発に働く。

まず、硝酸還元菌が仕込み直後から活発になり野生酵母を攻撃する。その後、温度があがるにつれて乳酸菌が活動を始め乳酸が生成されていく。さまざまな菌や微生物が活動することによって、生酛系酒母の味わいは複雑かつ力強くなる。

生酛系酒母には生酛と山廃《やまはい》の2種類が存在する。蒸米と麹を櫂ですり潰す山卸しを行うのが生酛、山卸しを廃止したものが山廃である。山卸しは重労働であり、また、山卸しを行ったものとそうでないものとで成分に違いはないという研究結果が明治時代にでたことから山廃が浸透することになった。

山廃酒母の成分変化

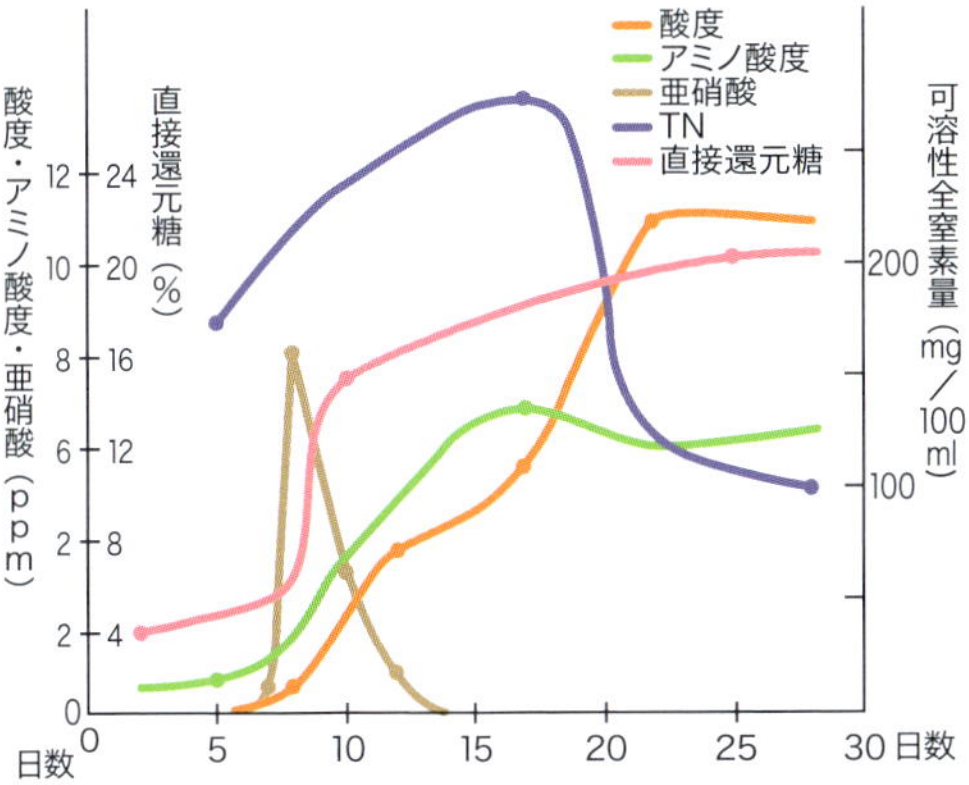

山廃酒母育成中の微生物の増減

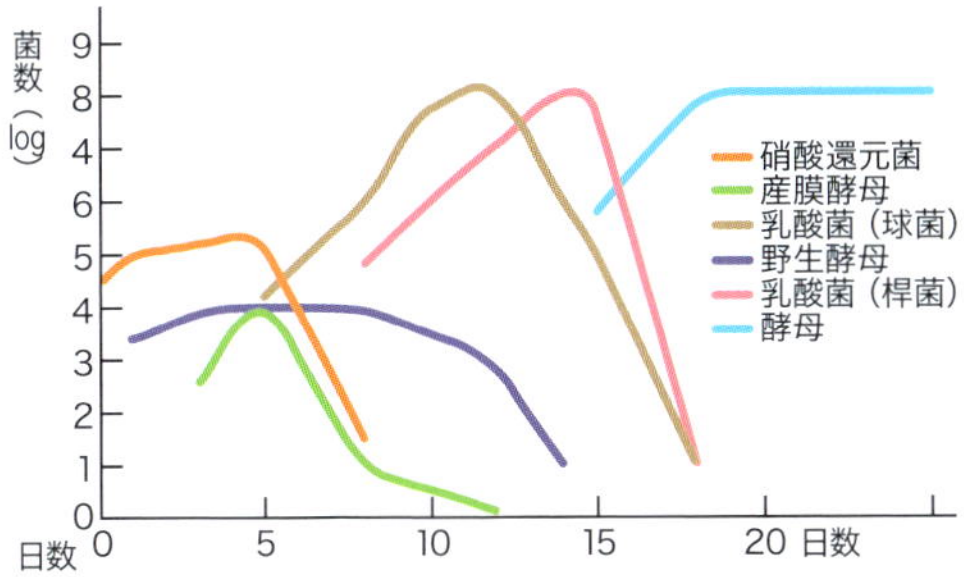

出典：『発酵と醸造Ⅱ』東和男編著／光琳・19ページ図2-6、図2-7より

Notes 日本酒のマナー⑥　テーブルに置かれた杯に勝手に注がず、必ず相手に一声かけてから注ぐ。

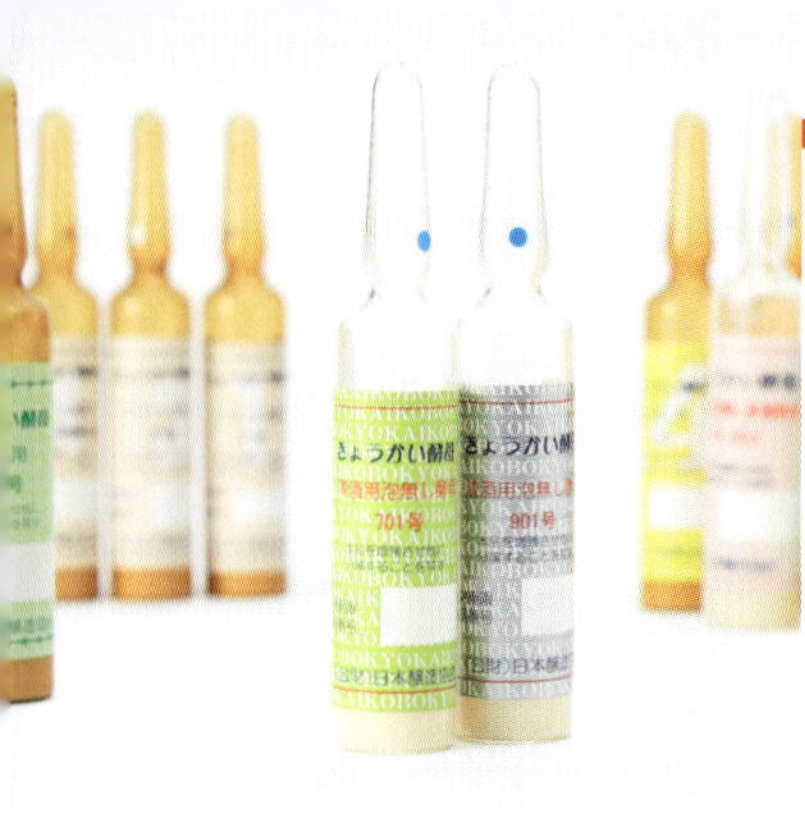

写真提供：（公財）日本醸造協会

造り11

酵母

アルコール発酵に欠かせない存在である酵母。使用する種類によって酒の香味が変化する。

　日本酒のアルコール発酵を担う酵母。目に見えない微生物であるため、明治時代に顕微鏡が導入されるまでその存在は知られていなかった。その後研究が進み、酵母の働きが明らかになる。

　日本酒はどれも米から造られているが、香りは果物やハーブ、花を思わせるものなど千差万別である。**酵母は、この香気成分の生成に大きく関わっている。**

　酵母は、麹によってできた糖質を食べることでアルコールを生み出すが、でんぷん質の糖化と発酵は並行して進む。酵母は、精米部合が低く栄養成分の少ない米を低温で発酵させると、吟醸香のもとになる**エステル**を作るようになる。

　日本醸造協会はかつては各種の品評会で受賞した蔵元の酵母を収集し、培養、全国の蔵元への販売を行っていたが、現在では独自に育種・開発している。協会が販売する酵母は**協会系酵母**と呼ばれ、さまざまな種類がある。酵母にも流行があり、ひと昔前まで吟醸酒では協会9号を用いるのが主流だったが、近年では**より香りの強い17号や18号を使用する蔵も多い。**

　協会が販売する酵母のほかにも、全国の自治体や研究機関が新たな酵母を開発している。オリジナルの地酒を造りたいという気運が高まる中、現在では、独自の酵母を開発していないところを探すのが難しいほどである。

　また、酵母には同じ系統のものでも、**泡ありと泡なしの2種類が存在する。**発酵時に泡をだすかどうかの違いで、現在は管理が楽な泡なしを使っている蔵が多い。

知識チェック

Q1 蔵つき酵母ってどんな酵母？

A1 蔵にすみついている酵母のこと。

協会酵母が使用される以前は、それぞれの蔵にすみつく独自の酵母が存在していた。

Q2 9号と18号の香りはどう違う？

A2 香りのもととなる成分が異なる。

協会9号の酵母が生成する香り成分は**酢酸イソアミル**、18号が生成するのは**カプロン酸エチル**という。同じフルーツ系だが、酢酸イソアミルが甘いバナナのような香りなのに対し、カプロン酸エチルは少し酸味のあるリンゴのような香りを生む。

主な協会酵母

協会1～5号	明治から大正にかけて分離された酵母。各種の品評会や鑑評会で入賞した酒の酵母から培養されたもので、協会が配布したことで全国の日本酒の品質が向上した。現在では配布されておらず、ほとんど使用されることはない。
協会6号／7号	両方とも高泡を形成し、低温でよく発酵する優秀な酵母である。特に7号は、華やかな香りが特徴で、普通酒から吟醸酒まで使用頻度が高い。
協会9号	6、7号と同様に低温でよく発酵する。酸の量は少なく、華やかな吟醸香を持ち、吟醸酒に適している。短期醪（短期間で発酵する醪）になりやすい。
協会10号	軽快な酒質が特徴。醪の発酵は低温で長期間になる。香りがよいため吟醸酒に向いているが、酸が少ないため純米酒にも適している。
協会11号	アルコール添加後も死滅しにくい。発酵経過は前緩で、リンゴ酸が多く生成される。アミノ酸は少なく、色の薄い酒になる。
協会14号	石川県で育成された酵母であり、金沢酵母とも呼ばれる。酸が少ないのが特徴で、9号に近い性質を持つ。吟醸香も高く、特定名称酒に向いている。
協会15号	秋田県で育成されたため、秋田酵母と呼ばれる。7号の自然変異形であると考えられ、低温長期型の発酵に適している。エチルエステル系の香気が高くなる。
協会16号	日本醸造協会が独自に開発した酵母で、酸が少ないことから少酸性酵母と呼ばれる。カプロン酸エチルを多く生成し、純米酒や吟醸酒に向いている。
協会17号	香気成分を多く生成する酵母である。中でもカプロン酸エチル、酢酸イソアミルを多く生成する。
協会18号	発酵力が強く、酸は少ない。リンゴのような香りのもととなるカプロン酸エチルを多く生成するため、吟醸酒に適している。近年最も人気が高い酵母である。
協会19号	新しい酵母で、香りに特徴がある。18号に比べカプロン酸エチルは少ないが、酢酸イソアミルが多い。尿素を生成しないため、カルバミン酸エチルも僅少。海外輸出酒向けに期待される。

泡あり酵母と泡なし酵母

酵母には発酵の際に泡をだすものと、泡をださないものがあり、同じ系統の酵母であっても両方用意されている。泡なしのほうが管理がしやすいため、こちらを採用する蔵が多い。

Notes 日本酒のマナー⑦　飲みづらいので杯いっぱいに注いではいけない。8分目を目安にする。

造り12

醪造り

醪の仕込みは添え、仲、留の3度に分けてじっくり仕込み、徐々に発酵させていく。

酒母《しゅぼ》ができ上がると、いよいよ醪《もろみ》造りが始まる。アルコール、香味成分など必要な要素の大部分が整い、日本酒としての骨格が完成する重要な工程である。

醪の仕込みは、4日間かけて「添《そ》え」「仲《なか》」「留《とめ》」の3回に分けて行い、麹、蒸し米、水の分量を少しずつ増やしていく。一度に大量に仕込むと酵母の増殖が追いつかず、雑菌が繁殖するためだ。

1日目は、小さめのタンクに酒母、麹、蒸し米、水を入れ、櫂でかき混ぜる。これを添え仕込みという。蔵によっては最初から発酵タンクを使用することもあり、そのような方法はすっぽん仕込みと呼ばれている。

2日目は、酵母の増殖を促すためタンクにふたをして休ませる。これを踊りという。

その後、添え仕込みしたものを発酵タンクに移し替え、3日目の仲仕込み、4日目の留仕込みで分量を増やしていく。仕込みの分量は、添えで全体の20%、仲で25~30%、留で50~55%が目安となる。

留仕込みの後、2週間から1ヶ月かけて発酵が進む。発酵中は熱が発生するため、温度を適切に管理しなければならない。杜氏はアルコール度数や日本酒度、発酵具合をチェックし、温度の上げ下げを決定している。一般的に、造りたい酒質によっても温度は変わり、杜氏の大きな仕事のひとつだ。また、現在主流となっている泡なし酵母は、泡ありの酵母に比べて発酵が速い傾向にある。泡による見た目の変化もないため、データを分析し、その数値に基づいて作業を進める必要がある。

知識チェック

Q1 すっぽん仕込みってどんな仕込み？

A1 添え仕込みの一種。

添え仕込みの段階から発酵タンクを使用する方法のことを、すっぽん仕込みと呼ぶ。

Q2 三段仕込み以外にも仕込み方法はある？

A2 3回以上に分けて仕込む方法もある。

醪造りの基本は三段仕込みだが、そのほかにも、四段仕込み、五段仕込み、十段仕込みなどが存在する。中でも、三段仕込みの後に、さらに原料を投入する四段仕込みは、甘口酒を造るための手法として広く取り入れられている。

三段仕込み

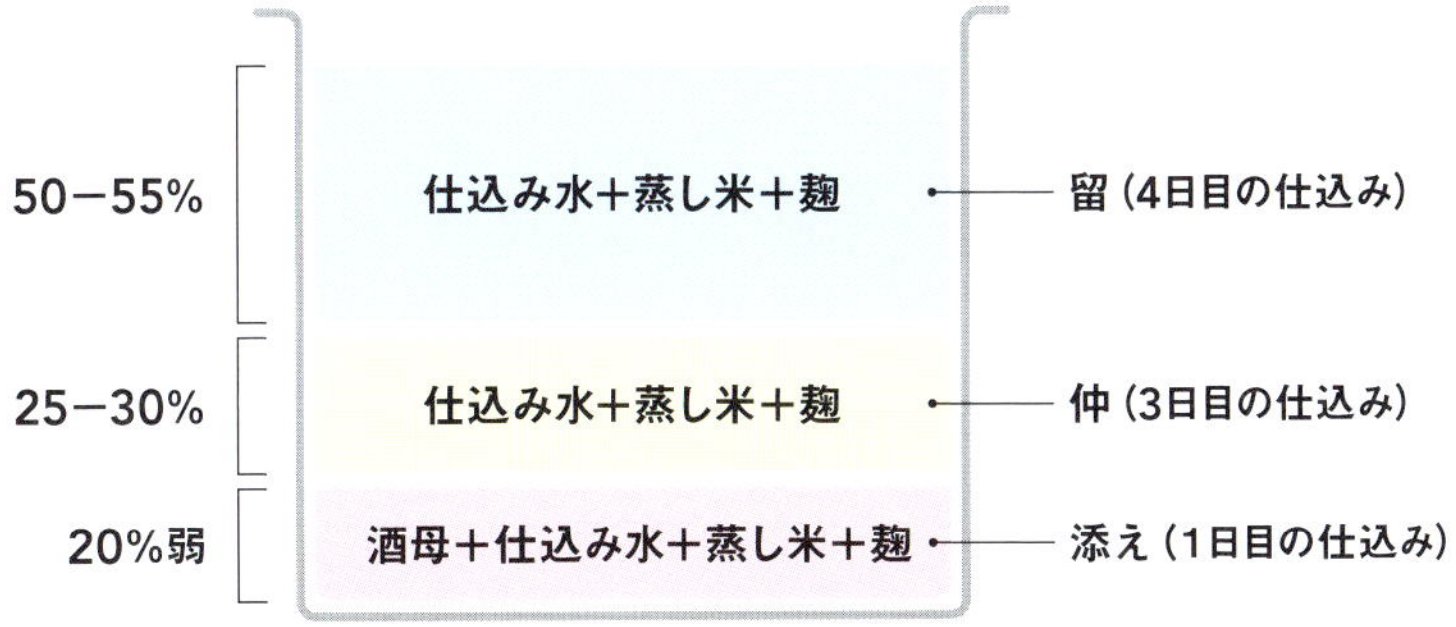

1日目　添え

まず、小さめタンクに酒母、麹、水を入れる。これらが混ざった状態を水麹という。その後、冷ました蒸し米も投入し、櫂《かい》でかき混ぜる。全体の 1/6 を仕込む。

タンクに入れたばかりの水麹の状態では、まだほとんど泡はない。

添えではまず、全体の6分の1の量を仕込む。

2日目の踊り

酵母の増殖を進ませるため、添えの翌日は 1 日休む。何も手を加えず、タンクにふたをして置いておく。発酵が遅れている場合は 2 日間休ませることもある。

添えの段階よりもわずかに温度が上昇し、発酵が進む。

3〜4日目　仲・留

添えで仕込んだ醪を大きい発酵タンクに移す。3 日目の仲で全体の 2/6、4 日目の留で 3/6 の量を仕込む。留の後は泡の状態を見ながら醪の発酵が進むのを待つ。

添えと同じように酒母、麹、水を入れ水麹の状態にする。

Notes 日本酒のマナー⑧　お酌をしてもらうときは杯をテーブルに置いたままにせず、必ず手で持つ。

造り13

並行複発酵

糖を含まない米を原料とする日本酒は、
糖化と発酵を同時に行う並行複発酵方式で醸される。

日本酒の発酵方法は並行複発酵と呼ばれる。アルコール発酵は糖の分解によって起こるが、日本酒の原料である米は糖分を含んでいない。そのため、麹《こうじ》によって米のでんぷん質を糖化させてから、その糖を酵母によって発酵させなければならない。並行複発酵とは、糖化と発酵という2つの作業がひとつのタンク内で並行して行われることを意味している。

発酵タンクに仕込まれた蒸し米は、周囲の水分を吸水し膨張し始める。そこへデンプン分解酵素であるα-アミラーゼや酸性プロテアーゼが作用することで徐々に溶解していき、グルコアミラーゼの働きによってグルコース（ブドウ糖）に変化する。

同時に酵母の増殖も進んでおり、できたグルコースを次々に食べてアルコールを生成させていく。

糖分を効率よくアルコールに変化させるこの手法は、原酒で20％前後という日本酒のアルコール度数の高さにもつながっている。

並行複発酵は、米を酒の原料とする東アジア独特の醸造方法で、中国の紹興酒や韓国のマッコリもこの方法で造られている。

ちなみに、ビールの醸造では、麦のでんぷん質を麦芽糖にする過程と麦芽糖をアルコール発酵させる過程が別々のタンクで行われる。このような方法は単行複発酵と呼ばれる。

また、ワインの場合は原料のブドウに糖が含まれているため、直接酵母を加えて発酵させることができる。これを単行発酵という。

知識チェック

Q1 グルコースって何？

A1 ブドウ糖の一種。

米のでんぷん質は、糖化するとブドウ糖の一種であるグルコースになる。酵母がグルコースを食べることでアルコール発酵が起こる。

Q2 並行複発酵の酒は日本酒以外にもある？

A2 米を原料とする酒は並行複発酵。

アルコールの生成には糖が必要なので、原料に糖を含まない場合は、まず糖化させなければならない。糖を含まない米を原料として酒造りを行う東アジア地域では、並行複発酵が一般的な方法で、紹興酒、マッコリなどで用いられている。

醪の中で糖化と発酵は同時に行われる

↓

並行複発酵という

米のでんぷん質を糖化させる過程と、糖をアルコールに変化させる過程をひとつのタンクの中で同時に行う、東アジア独特の醸造方法。

でんぷんの糖化 ＋ 発酵

↑ 麹由来の酵素　↑ 酵母の増殖

醪の中でどんなことが起きる？

蒸し米の分解 → グルコースの生成（糖化）

酵母の増殖 → アルコールの生成（発酵）

エサにする

※糖化と発酵は並行して行われる

蒸し米が水分を吸収して軟らかくなると、麹の酵素が働き始める。液化酵素であるα-アミラーゼがでんぷんを、酸性プロテアーゼがたんぱく質を分解することで、米はしだいに溶けていく。分子が分断されたでんぷんには糖化酵素が作用し、グルコースが生成される。醪《もろみ》の温度があがると酵母の増殖が始まり、数は高泡《たかあわ》時に最大になる。この酵母が、糖化と並行して、できたグルコースを次々に食べることで、アルコールが生成される。

でんぷんの糖化とアルコール発酵がタンクの中で同時に行われる。

Key word

【液化仕込み】

鎖状に連なったでんぷんの分子を分断し、数個の分子がつながったマルトース（オリゴ糖）の状態にまで分解することを液化《えきか》という。

液化仕込みとは、ミキサーで粉砕した白米にα・アミラーゼを加えて液化したものを使用する醸造方法のことである。液化した米を麹や酒母とともに発酵タンクに入れた後は、通常の仕込みと同様に作業が行われる。糖化と発酵を同時に行う並行複発酵であることに変わりはない。

あらかじめ米が溶けているので醪の管理がしやすく、作業も簡略化されるため、この方法を採用する蔵も増えてきている。

Notes 日本酒のマナー⑨　お酌をしてもらったら杯をすぐにテーブルに置かず、一口飲んでから置く。

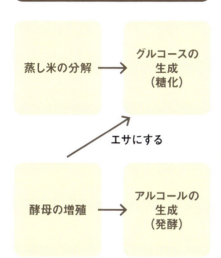

醪の経過

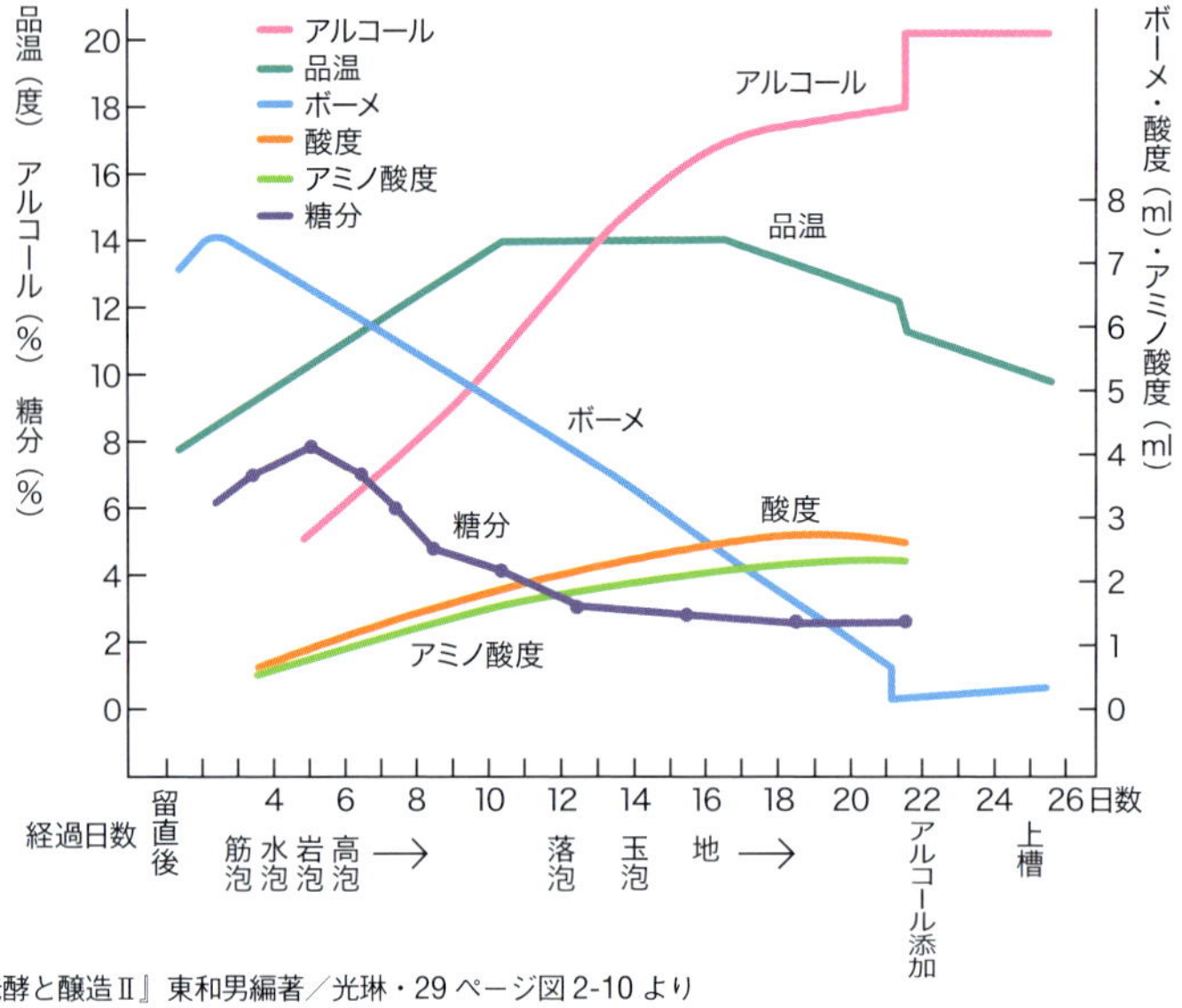

出典：『発酵と醸造Ⅱ』東和男編著／光琳・29ページ図2-10より

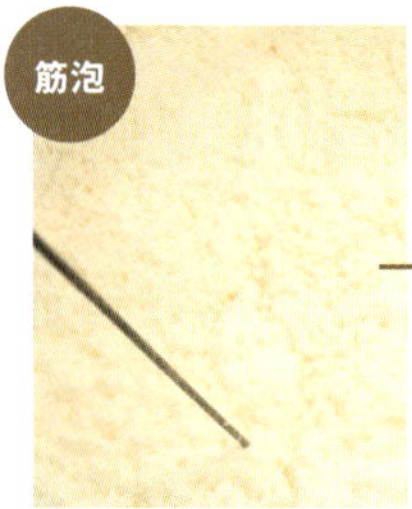

発酵が始まると表面に筋上の泡が立つ。

まだ粘度がなく、さらりとしている。

糖化が進み消えづらい泡に変化する。

発酵がもっとも活発な状態で、高い泡が立つ。

アルコールが生成されたことにより、泡に粘り気がなくなる。

発酵が落ち着き泡が消えていく。泡の後が玉のような模様になることから玉泡という。

泡が消えたら、発酵が進み過ぎないようすみやかに搾りに移る。

醪の中で起きること

1. でんぷんの分解

米のでんぷん含有量は75～80%で、この大部分が分解されて糖に変化する。でんぷんの分子は鎖状に連なっており、糖化酵素であるα-アミラーゼがまず小さく分断する。そこへ、糖化酵素であるグルコアミラーゼが働いてさらに分解することでグルコース（糖）となる。中にはグルコアミラーゼで分解されにくい糖もあり、そのまま酒の成分になる。

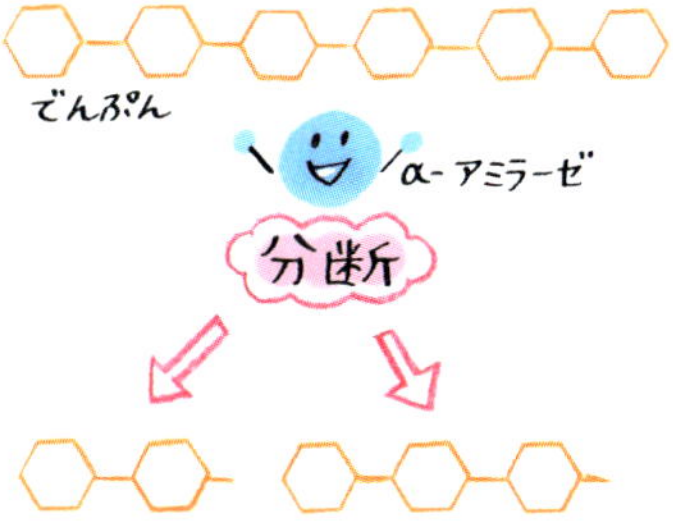

2. たんぱく質の変化

酸性プロテアーゼや酸性カルボキシペプチダーゼによって分解されたたんぱく質は、アミノ酸に変化する。生成されたアミノ酸のうち、半分は酵母に取り込まれ、残りの半分は酒の旨味成分となる。酵母の増殖力が強ければ、その分酵母が取り込む量も増える。

3. 脂肪の変化

脂肪はリパーゼという酵素によって分解され、脂肪酸とグリセリンになる。脂肪酸は、アルコールと結合することで香気成分であるエステルとなる。脂肪のほとんどは米の表面部分に存在しており、精米時に除去されるため、醪《もろみ》中にはごくわずかしか存在しない。

4. アルコール発酵

酵素の働きによって生成された糖を、酵母がアルコールと炭酸ガスに分解する。これをアルコール発酵という。日本酒の発酵方法は、糖化とアルコール発酵が同時に行われるため並行複発酵という。このとき生じるエネルギーが熱となり、醪の温度を上昇させる。

5. 酸の生成

酵母の増殖や発酵にともなって、数種類の有機酸が生成される。コハク酸、リンゴ酸、乳酸が全体の8割を占め、ほかにクエン酸、ピルビン酸、酢酸などが存在する。酸は酒の味に大きく影響する成分で、量が多いと辛口、少ないと甘口の酒に感じる傾向がある。

6. 香りの生成

酒の香気成分の大部分も、酵母の発酵にともなって生成される。酢酸エステル類と脂肪酸エチル類が代表的で、吟醸酒などの高級酒の香り成分として知られている。酢酸エステル類はバナナやメロンのような香り、脂肪酸エチル類はリンゴや洋梨のような香りと表現される。

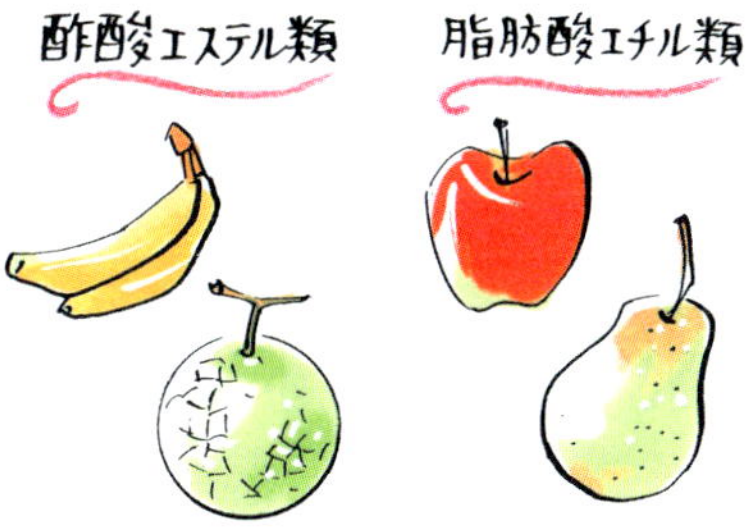

Notes 日本酒のマナー⑩　一気飲みは危険なだけでなく、相手への圧力にもなるのでしてはいけない。

醪造りにまつわるはなし

4回に分けて仕込むもの、木桶で仕込むもの、アルコールを添加するもの、仕込みにはさまざまなバリエーションが存在する。

1.四段仕込み

甘口酒を造るために発達した醸造法

醪《もろみ》の仕込みは、添え、仲、留の3回に分ける三段仕込みが主流だが、四段仕込みを行うこともある。四段仕込みでは、三段仕込みを終えた後の醪に蒸し米や酒母を投入する。加えるものによって、蒸し米四段、酵素四段、酒母四段、粕四段などの種類があるが、酵素で溶かした蒸し米を加える酵素四段が最も普及している。四段仕込みは甘口酒を造るために発達した醸造法で、三段よりも目指す日本酒度に向けての発酵具合の調整がしやすい。仕込みの回数をさらに増やした五段仕込み、十段仕込みなども存在する。

1. 酵素四段

市販の酵素剤で糖化した蒸し米を発酵後期の醪に加える。よくかき混ぜた後タンクにふたをして完成となる。四段仕込の中でもっとも一般的。

2. 蒸し米四段

蒸し米をそのままの状態で加え、醪中で糖化させる。米は溶けやすいうるち米を使用し、団子状に丸めて留《とめ》後の醪に加える。

3. 粕四段

精米歩合の低い米でできた、上槽《じょうそう》後1週間以内の新鮮な粕（吟醸粕）を加える。粕は直接、または湯に溶かして醪に投入する。

2.木桶仕込み

豊かな味わいを生む伝統的な醪造り

昭和初期までの醪造りは木桶で行われていた。微生物や菌が桶にすみつき独特の風味を出すこと、木の香りが酒に移ることから、木桶で仕込んだ酒は複雑で豊かな味わいになる。しかし、空気にふれやすい、中身が漏れやすい、色がつきやすいなどの欠点があるため、管理がしやすいホウロウや合成樹脂のタンクを用いるのが一般的になった。現在では木桶仕込みを行う蔵はごく少なくなったが、個性的な酒造りを目指して復活させようという試みもある。

木桶で仕込んだ酒は独特の風味になる。

3.アルコール添加

香りを引き出し、腐敗を防ぐ効果もある

普通酒や本醸造系の酒は、上槽の前、もしくは前日に醸造アルコールを添加する。かつてはかさ増し目的で行われていたため悪いイメージがあるが、アルコール添加の利点はコストの削減だけではない。アルコールを添加することで発酵具合を上手くコントロールすることができる。加えて、酒質がすっきりし、吟醸香のもととなる香気成分を引き出す効果もあるので、全国新酒鑑評会に出品される吟醸酒のほとんどはアルコールが添加されている。また、アルコールを加え度数をあげることによって醪の腐敗や、火落ち菌（酒を白濁させ香味に悪影響を与える乳酸菌）も防止できる。この効果は江戸時代にはすでに発見されていたという。

アルコール添化量

アルコール添化量	0	200	400	600	700
日本酒度	0	4.9	8.8	11.4	12.8

アルコール添加量と日本酒度の相関関係。

アルコール添加量が増えると日本酒度（甘辛度合いの目安。数値がプラスであるほど辛口、マイナスであるほど甘口になる）もあがる。

4.搾りのタイミング

熟練の杜氏が状態を見極め最良の日を決める

醪が完成してから上槽までの期間は決められていない。酵母は生き物であり、条件によって発酵具合に差がでるからだ。醪に粘り気がなくなり表面の泡が消えた頃が上槽の目安とされ、日本酒度、アルコール度数、炭酸ガスや糖化の具合なども考慮した上で、杜氏が日にちを決定する。そのため、杜氏は毎日詳細な酒質検査を行って醪の状態をチェックしている。ただし、アルコールを添加した場合は、急激な度数の上昇に滓中に残った酵母などが反応して酒質が変化するおそれがあるので、速やかに上槽しなければならない。どうしても期間をおかなければならない場合は、温度を下げて醪を保管しておく。

酒質検査を行う様子。

Notes 日本酒のマナー⑪　お酌をされたらお礼をいい、相手の杯が空いていたら返礼のお酌をする。

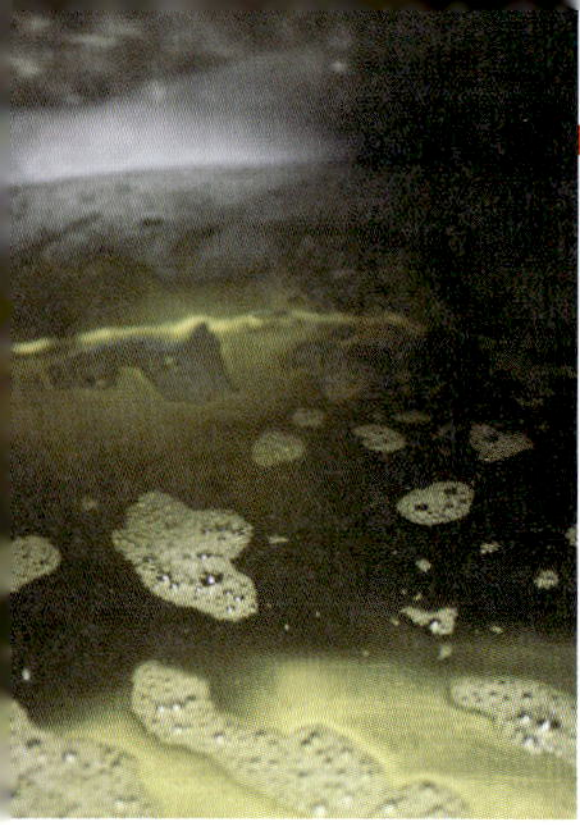

造り14

上槽（搾り）

完成した醪を搾り、酒と粕に分ける。機械搾りや槽搾りなど、圧力のかけ方で酒質が変わる。

タンク内で発酵を終えた醪《もろみ》は、まだ米の固体部分が完全に溶けきっていないため白濁している。酒税法上、日本酒はこさなければならないと定められており、**醪を搾り固体部分である酒粕と液体を分離させて完成**となる。この作業を**上槽《じょうそう》**という。

上槽のタイミングは杜氏の判断に委ねられている。醪は発酵が進むにつれて泡が少なくなっていき、**表面の泡がなくなった頃が搾りの目安**となる。杜氏は、このような視覚的な変化のほかに、日本酒度やアミノ酸度などの酒質を毎日計測し、もっともよいタイミングを見極めていく。

上槽にはさまざまな方法があるが、現在はろ圧圧搾機と呼ばれる**自動圧搾《あっさく》機**を用いた方法が普及している。横方向から圧力をかけることで、最初から最後まで均一に搾ることができる。

一方、伝統的な手法を用いる場合は、**搾り袋**（酒袋）と呼ばれる布製の袋に醪を詰め、搾り機である槽の中に敷き詰めて上から圧力をかけていく。このとき、**最初にでてくる液があらばしり、次にでてくる液が中取り（中汲み）となる**。ただし、どこまでをあらばしり、どこからを中取りと呼ぶかは酒蔵によって異なる。

また、高級酒では、**袋吊り**という上槽法もある。醪を詰めた袋をぶら下げ、落ちてきた液体を集める方法で、華やかな香りの酒になる。

醪を搾った後に残った粕は、漬物などの加工食品の材料、合成清酒の香味料、焼酎の原料として利用される。袋から粕を取り出す作業は**粕放《かすはな》し**と呼ばれる。

知識チェック

Q1 粕歩合とは何を表しているの？

A1 粕として残った部分の割合を表す。
仕込みに使った米の総量に対する粕の割合を、**粕歩合**という。

Q2 どぶろくってどんな酒？

A2 粕部分を取り除いていない酒のこと。
製造方法は日本酒とほとんど変わらない。酒税法では日本酒の定義を「米を発酵させてこしたもの」と定めているため、醪をこしていない**どぶろくは「その他の醸造酒」に分類される**。白濁した酒であっても、**一度でもこしていればにごり酒**となる。

上槽のいろいろ

袋取り

完成した醪は、タンクから桶に移された後袋に詰められる。これを袋取りという。機械で直接搾り機に送られることもある。上槽して最初に袋から出る白濁した液はあらばしりと呼ばれ香りが非常に強い。次にでてくるのが中取り、最後がせめとなるが、どこで区切るかについての明確な基準はなく、蔵の判断に任せられている。

上槽は専用の袋に入れて行う。

搾り袋

醪を詰める布製の袋は、搾り袋または酒袋と呼ばれる。現在はナイロンやビニロンなどの化学繊維でできたものが多い。袋に付着した醪が独特の臭いを発生させることがあるので、酒に臭いを移さないよう注意しなければならない。専用の洗剤や次亜塩素酸ナトリウムを溶かした湯に浸けて、定期的に洗浄されている。

搾らずに袋を吊るす搾り方もある。

ろ圧圧搾機

上槽を行う機械で、ヤブタ式と呼ばれることもある。醪を詰めた袋をアコーディオンのような形に並べ、横方向から圧力をかけて搾っていく。この方法の特徴は、最初から最後まで酒質を均一に保てることである。残った酒粕は板状になる。手作業での上槽は手間がかかるため、ろ圧圧搾機を用いている蔵が多い。

横から圧力をかけて搾る。

槽

昔ながらの伝統的な搾り機は、槽《ふね》と呼ばれる。木やコンクリート、ステンレスなどでできた槽の中に袋を敷き詰め、上から圧力をかける仕組みとなっている。吟醸酒など高級な酒で用いられることが多い。さらに特別な酒の場合、一切圧力をかけずに、吊るした袋から落ちてくる液を集める袋吊り（写真上）という方法を採っている蔵もある。

上から圧力をかけて搾る。

Notes 日本酒のマナー⑫　杯を裏返して置いてはいけない。「逆《さか》さ杯」は絶交を意味することもある。

造り15

出荷までの流れ

こされた酒は、滓引き、加熱処理、加水、貯蔵など
複数の工程を経て出荷される。

上槽《じょうそう》直後の酒は細かい米粒などの固形物が残り、うっすらと濁った状態になっている。この固形物は滓《おり》と呼ばれる。取り除くため10日間ほどタンクに置き沈殿させた後、上澄み部分を取り出す。これを滓引きという。

滓引きの後も残った細かい滓を完全に取り除くため、ろ過が行われる。活性炭素を用いることが多く、不要な色素や香味成分などを取り除き清澄した酒を造る。ただし、ろ過すると酒本来の香味が失われることもあり、あえてろ過を行わない酒もある。

この段階では、酒内にまだ酵素や微生物が残っている。酵素による糖化作用が続いたり、菌によって香味が変化したりするのを防ぐため、一度目の火入れが行われる。

火入れした日本酒は、割り水を加えてアルコール度数を調整した後、タンクで貯蔵される。

搾りたての日本酒は角が立っているが、寝かせることでアルコールと水が融合し、まろやかさが生まれる。貯蔵期間は通常は一夏だが、コクをだすため長期熟成する酒もあり、古酒と呼ばれる。

また、大吟醸や生酒のような低温貯蔵が適した酒は、タンクではなく、先に瓶詰めしてから冷蔵貯蔵庫で保管することもある。酵母や酵素の働きを完全に止めるために再び加熱してから、瓶に詰めて出荷する。

上槽から出荷までの過程は酒の種類によって異なり、貯蔵期間や火入れの回数、ろ過の有無などを組み合わせることによって個性のある日本酒が造られる。

知識チェック

Q1 貯蔵はどんな環境で行うの?

A1 蔵の中の専用のタンクで貯蔵される。

直射日光が入らず、温度が15度前後で、湿度が安定した環境が適している。

Q2 飲みきりとはどんな作業?

A2 品質確認のためのテイスティング。

貯蔵中の酒の状態を確認するために、実際に酒を飲んでみることを飲みきりという。杜氏や蔵人が全てのタンクの利き酒を行い、酒質や熟成の進み具合などをチェックしている。タンクを開ける際に雑菌が混入しないよう慎重に行われる。

上槽から出荷までの流れ

滓引き

上槽後も残った米粒や酵母などの不純物（滓）を取り除く。10日間ほどタンクに置いて沈殿させ、上側の澄んだ部分だけを抽出する。滓引きしないものは滓酒または滓がらみという。

↓

ろ過

細かな固形物を完全に取り除くため、酒をろ過する。ろ過機のフィルターを通した後、活性炭を入れて脱色、香味の調整を行う。あえてろ過を行わないものもある。

↓

火入れ（1回目）

加熱することで酵素の糖化作用を止めることが目的。糖化が続くと酒が甘くなり過ぎ、微生物は酒の色や香味に悪影響を及ぼす。火入れは江戸時代には確立されていた。

火入れをしない酒が生酒として出荷されることもある！

できたてのフレッシュさを保つため、あえて火入れを行わない酒もある。一度も火入れをしないものは生酒《なまざけ》という。酵素や微生物が生きたままなので保管には注意が必要だ。

↓

調合（加水）

水を加えアルコール度数、香味のバランスを調整する。原酒の度数は18～20度程度で、一般的に販売されている日本酒は、割り水によって15～16度に薄められている。

↓

貯蔵（熟成）

タンクに入れ15度前後で保管する。寝かせることでアルコールと水が融合し、まろやかさが生まれる。期間は数ヶ月が基本だが、長期熟成される酒もある。

↓

火入れ（2回目）

出荷前に再び火入れする。加熱後に瓶詰めする方法、瓶に詰めた状態で加熱する方法、瓶詰めしながら同時に加熱する方法など手法はさまざまである。

↓

瓶詰め

雑菌が入り込まないよう注意しながら行われる。酒は日光で変質するので、瓶は茶色など濃い色に着色されているものが多い。この後、ラベルを貼って出荷となる。

↓

出荷

Notes 日本酒のマナー⑬　飲み終えた徳利を横に倒したり、逆さにしたりしてはいけない。

ろ過のいろいろ

1 滓引きろ過

槽《ふね》で上槽《じょうそう》した酒は滓《おり》が多いため、不要物を沈殿させて取り除く滓引きが必要になる。しかし、機械で搾った酒は比較的滓が少ない。そのため、滓引きは省略し活性炭を用いたろ過だけを行うのが一般的である。このようなろ過のことを滓引きろ過という。

2 活性炭ろ過

滓引きをした後（機械搾りの場合は直接）、酒の中に活性炭を入れて成分を調整する。活性炭には、余分な成分を吸着させて脱色や香味の調整、異臭の除去を行う機能がある。しかし、炭の量が多過ぎると必要な成分まで取り除いてしまうこともある。

3 製成ろ過

機械を用いてろ過することを製成ろ過という。フィルター型やカートリッジ型など複数の種類がある。ろ紙や金網の上に珪藻土《けいそうど》や目の細かい繊維などを貼りつけ、そこを通過させることで酒中の余分な成分を除去する。ろ過機も活性炭も使用しないものが無ろ過となる。

4 仕上げろ過

ろ過しきれなかった滓や、貯蔵中に発生した成分を取り除くため、出荷前に再度ろ過することを仕上げろ過という。瓶詰めの直前にろ過を行えば、異物混入を防ぐことにもつながる。ほかのろ過と同じように活性炭や機械で行う。

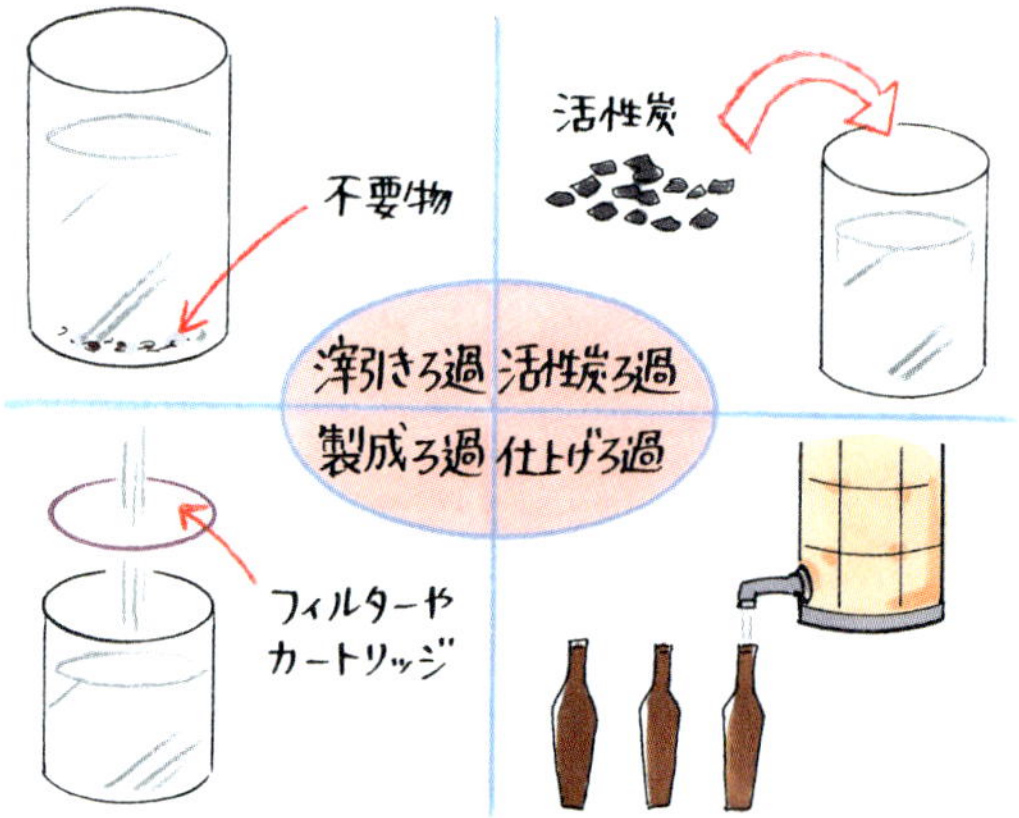

Key word

【活性炭】

活性炭とは吸着力を高めた炭で、醸造用のほか、工業用、医療用、家庭用などが製造されている。日本酒造りにおいて活性炭を使う目的には、脱色、着色の防止、香味の調整、脱臭などがある。ろ過前の酒は黄色がかっているが、色素を活性炭に吸着させることで澄んだ製品にすることができる。また、活性炭には着色の原因となる物質を取り除く効果があり、日光による変色を防ぐことができる。同様に、雑味や臭いのもとになる成分も吸着される。

活性炭でろ過することによって、透明ですっきりとした味わいの酒を造ることができる。

貯蔵（熟成）することで日本酒はまろやかに

屋外に建てられらた貯蔵専用のタンク。

搾りやろ過を終えた酒は、数ヶ月間貯蔵してから出荷される。日本酒造りは晩秋から春にかけて行われるので貯蔵の時期はちょうど夏に当たり、秋口に出荷される。

できたばかりの酒は荒々しく刺激が強い。これはアルコールの分子と水の分子が結びついていないためである。このフレッシュさを楽しむため冬のうちに出荷する商品を「しぼりたて」という。一方、貯蔵を経た酒はアルコールと水が融合し、まろやかな味わいとなる。

近年では、より長い貯蔵期間を経た熟成酒が注目されている。製造の次年度以降に発売される酒を古酒というが、5年、10年、15年と熟成させた大古酒にも人気が集まる。

熟成を重ねるにつれ酒の色は濃くなり、透明から黄色、琥珀色、褐色へと変化する。熟成香と呼ばれる黒糖や糖蜜のような独特な香りが加わり、味も甘味や苦味の増した濃厚な酒になる。熟成酒は希少価値があるため価格の高いものも多い。

直射日光が当たらない場所が適する。

瓶詰め後に貯蔵される蔵もある。

日本酒は気温や湿度の微妙な差によっても劣化してしまうため、貯蔵は、直射日光が当たらず温度を一定に保てる場所で行わなければならない。蔵の中にあるタンクで貯蔵するのが通常だが、中には土蔵や洞窟、廃坑になった炭坑や廃線になった鉄道のトンネルを利用しているところもある。

また、吟醸酒や生酒など低温での貯蔵が必要な酒の場合は、瓶詰めをしてから冷蔵貯蔵庫で保管するところもある。

Notes 日本酒のマナー⑭　残量を確認するとき、徳利をふったりのぞいたりするのはマナー違反である。

日本酒と税

税金という側面から見ると
日本酒はビールよりずっとお得な酒

１９４４年（昭和19）に変更されるまで、酒税は造った石高に課税される形だったが、現在は、原則として、製造場（日本酒の場合は酒蔵）から出荷されたときに課税される。

ただし、出荷されても、それをほかの酒類の原料として使用する場合や、外国に輸出する場合は免税される。また、以前はアルコール度数が一度あがるごとに税率が高くなったが、２００６（平成18）年の改正以来、酒の分類により均一税率が採用されている。

下記のように、日本酒にかかる税金は１０００リットルあたり、12万円。一升瓶に換算すると1本あたり２１６円、四合瓶なら86円となる。

ちなみに、日本酒の税率はビールに比べるとかなり安い。

ビールの場合、１０００リットルあたり22万円の税金がかかるので、５００ミリリットルの缶で１１０円、３５０ミリリットルなら77円と、飲む分量を考えればビールは日本酒より割高といえる。

日本酒を含む醸造酒類の税率は…

1キロリットルあたり **140,000円**

↓

そのうち清酒は 1キロリットルあたり **120,000円**

果実酒は 1キロリットルあたり **80,000円**

（注）被災酒類製造者については、別途、震災特例法の現行軽減割合（6.25％）が平成28年3月末まで適用され、上記と合わせて25％が軽減されます。

前年度の課税移出数量	軽減割合					
	改正前（24年度）	25年度	26年度	27年度	28年度	29年度
1,300kℓ以下～1,000kℓ超	20%	20%	20%	20%	10%	10%
1,000kℓ以下					20%	20%

第三章

日本酒の味わい

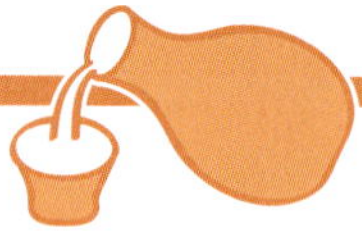

味わい1

日本酒の味を示す基準

日本酒の味の目安となる基準には、日本酒度、酸度、アミノ酸度、甘辛度などがある。

特定名称の種類や精米歩合、米の品種や水の硬度などの情報を集めれば、ある程度まで味の予想をすることは可能だ。しかし、より端的に味を示す指標がほかにもある。それが日本酒度、酸度、アミノ酸度である。

日本酒度とは日本酒の水に対する比重のことで、水より軽ければプラス、重ければマイナスとなる。酒中の糖が多ければ比重が重くなることから、マイナスであるほど甘口、プラスであるほど辛口とされている。

酸度は、リンゴ酸、クエン酸、コハク酸など、日本酒に含まれる酸の量を表す。酸は単に酸っぱさを与えるだけでなく、味を引きしめる効果や、旨味としての役割もある。日本酒度が同じでも酸度が高いと辛く感じ、低いと甘く感じる傾向がある。

アミノ酸度は、その名のとおりアミノ酸の量を示す。アミノ酸は米のたんぱく質の分解にともなって生じるもので、旨味成分になる。したがって、アミノ酸が多いほどコクのある酒になるが、多過ぎると雑味がでることもある。

日本酒度、酸度、アミノ酸度は裏ラベルに記載がある場合があり、味を知る手がかりになる。とはいえ、日本酒の味わいは、日本酒度がマイナスなら甘口、プラスなら辛口というような単純なものではない。糖だけでなく酸やアミノ酸の量、香り、口当たりなどさまざまな要素が絡み合って味を構成している。

味の捉え方は各人によっても異なる。各種の数値を参考にしつつ、実際に飲んで好みの酒を探すのがよいだろう。

知識チェック

Q1 日本酒の辛口ってどんな味のこと?

A1 甘味が少ない酒を辛口という。

酒の辛さとは唐辛子のような辛さやしょっぱさではなく、甘味が少ないことを指す。また、苦味や酸味、刺激が強いものも辛口という。

Q2 ボーメ度とは何を表す数値?

A2 液体の比重を表す。

ボーメ度は日本酒度と同じく酒の比重を表す単位である。特に、酒母や醪造りの初期・中期に、日本酒度ではなくボーメ度を用いて発酵具合を計測している蔵が多い。ボーメ度の1が日本酒度のマイナス10に相当する。

日本酒度の基準

浮秤の浮き沈みで水との比重を計る。

日本酒度計で測定

日本酒度の計測は日本酒度計という専用の浮秤《ふひょう》を用いて行う。対象の日本酒の温度を 15 度にしてシリンダーの中に入れ、そこへ日本酒度計を浮かべて静止したときの液面の目盛りを読む。高く浮くほど日本酒度の数値は低くなり、低く沈み込むほど数値は高くなる。

日本酒度がプラスのときは…

日本酒度がプラスであれば辛口であることが多い。糖が少ないと酒の比重が小さくなり、日本酒度計が沈んで数値がプラスになる。

日本酒度がマイナスのときは…

日本酒度がマイナスであれば甘口であることが多い。糖が多く含まれていると酒の比重が大きくなり、日本酒度計が浮いて数値はマイナスになる。

日本酒度がプラスでも辛口とは限らない

日本酒度は酒の甘辛度合を示す指標として浸透している。しかし、酒中には糖以外にもアミノ酸やコハク酸などさまざまな成分が含まれているため、比重を示す日本酒度がそのまま酒の甘辛になるわけではない。酒の味は、糖の量だけでなく、酸味やアミノ酸、香り、などのバランスで決まる。

日本酒度
酸度
アミノ酸度
→ 日本酒の味わいは複雑なもの

Notes 日本酒のマナー⑮　残った酒を別の徳利に移し替える「併《あわ》せ徳利」はマナー違反である。

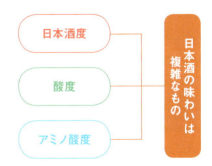

甘辛度の基準

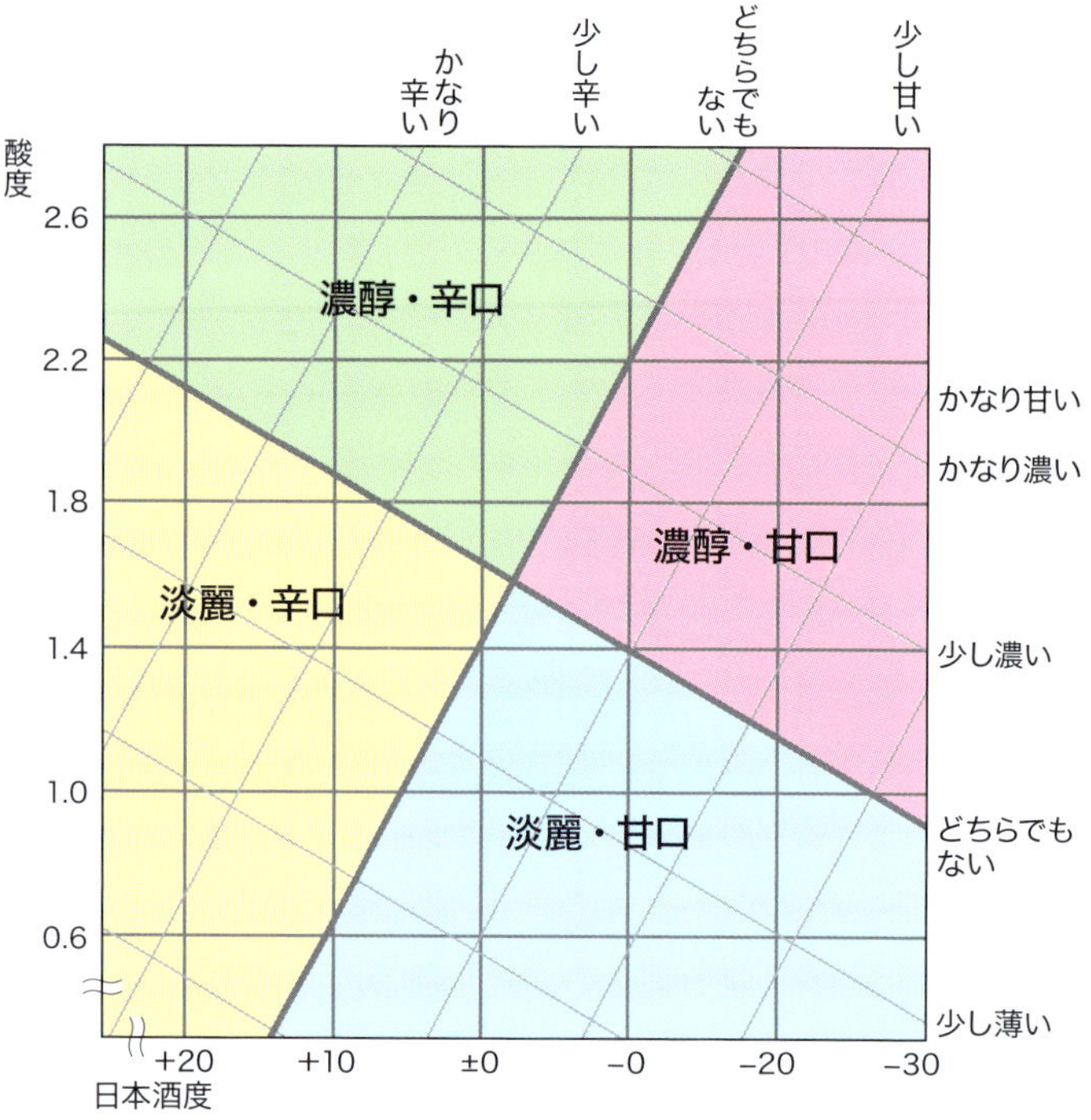

清酒の味の甘辛と濃淡『増補改訂　清酒製造技術』
（財団法人　日本醸造協会より）

Key word

【甘辛度】

甘辛度は、その名のとおり酒の甘辛度合いを表す。日本酒度（またはブドウ糖濃度）と酸度を用いて計算するもので、値がマイナスになるほど甘口、プラスになるほど辛口となる。醸造技術者の間では定着している基準だが、消費者向けにはあまり使用されていない。

日本酒の味は、複雑に絡み合う要素からできている

日本酒の味は糖、酸、アミノ酸のバランスによって決まる。日本酒度が低くても酸度が高ければ辛く感じることもあり、またその逆もある。人間の舌は甘味と酸味のバランスによって甘辛を判断しているからである。また、香りも味の感じ方に強い影響を与える。糖分量はそれほど多くなくても、フルーツや花のような甘い香りを持つ酒であれば甘く感じやすい。

そのほかの味を表す基準

酸度

日本酒に含まれる酸の量を表す数値。味の濃淡の目安となり、酸が多ければ濃く、少なければさっぱりとした味になる。

また、酸には味を引きしめる効果があるため、酸度が高い酒はキレのある辛口に、酸度が低い酒はやさしい甘口になりやすい傾向がある。

日本酒には乳酸、リンゴ酸、クエン酸、コハク酸など複数の酸が含まれており、その種類によっても味わいは異なる。乳酸は刺激的な酸味、コハク酸はコクのあるまろやかな酸味、リンゴ酸やクエン酸は果物のような鋭い酸味を持っている。

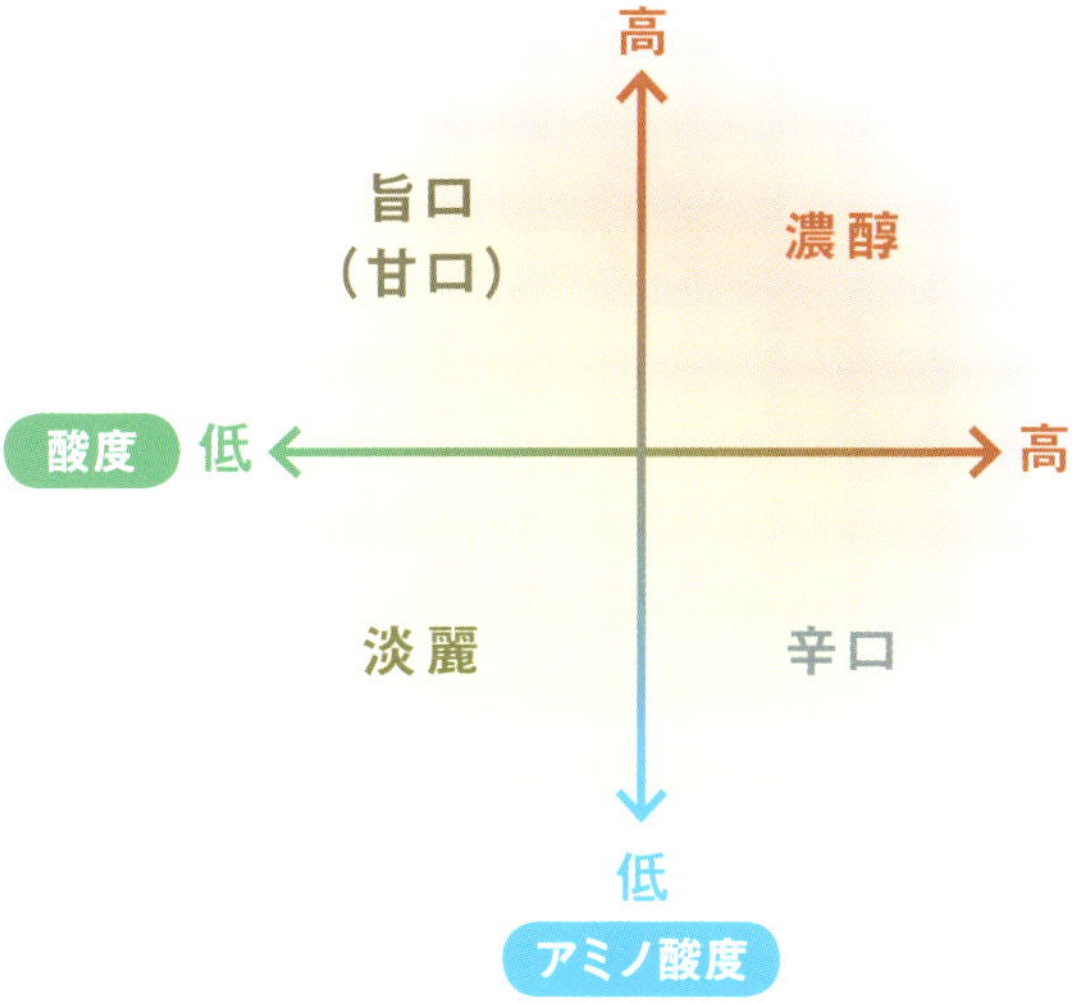

味の濃淡に関わる酸度と、旨味成分の量を示すアミノ酸度の組み合わせが味のバリエーションを生む。酸度、アミノ酸度ともに高い酒は味が濃く旨味も強い濃醇な味に、酸度もアミノ酸度も低い酒はさっぱりとした味になる。

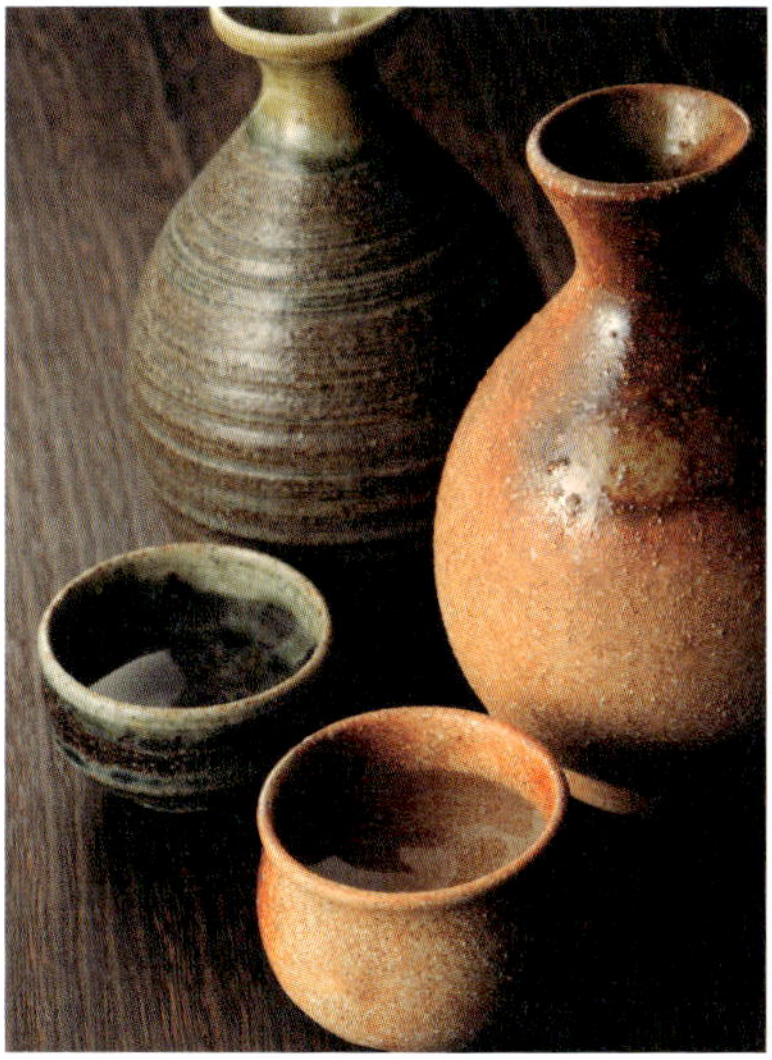

アミノ酸の多い酒は一般に燗に向く。

アミノ酸度

日本酒に含まれるアミノ酸の量を表す数値。アミノ酸は旨味成分であり、多ければコクのある酒に、少なければさっぱりとした軽快な酒になりやすい。

日本酒中のアミノ酸は、グルタミン酸、アルギニン、ロイシンなど約20種類で、原料である米に含まれているたんぱく質が分解される際に発生するものである。そのため、原料が米100%の純米酒はアミノ酸度が高い傾向がある。また、たんぱく質は米の表面部分に多いため、精米歩合の低い米で造る吟醸酒はアミノ酸度が低いことが多い。

Notes 燗① 日本酒を温めることを「燗をつける」という。温めることでまろやかな味わいになる。

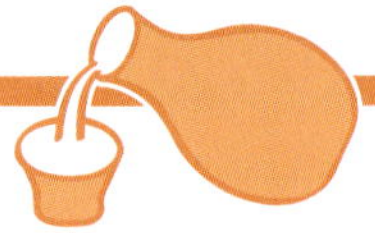

味わい2

日本酒のタイプ

味や香りの組み合わせによって異なる日本酒のタイプを知ることで、目的に応じた酒を選べる。

全国1500以上の蔵で造られている日本酒。特徴は千差万別で、同じ銘柄でも、原料や製造方法の違いによって味わいがまったく異なることもある。純米酒だからこう、吟醸酒だからこうと断言できるものではなく、それぞれ甘口もあれば辛口もある。また、甘口の中にもコクのある甘口、フルーティーな甘口、さっぱりとした甘口などがありバリエーションは幅広い。どの点に注目するかによってさまざまな分類が可能である。

たとえば、精米歩合に注目して味を類推することができる。精米歩合が低い酒（高精白）はさっぱりとした味に、高い酒（低精白）は旨味が強くなりやすい。

飲み方によって分類することもできる。日本酒には冷やして飲むのに向くものと、温めて飲むのに向くものがある。さっぱりとした酒や吟醸酒は冷やすとおいしく、生酛《きもと》や純米酒のようなコクのある酒は燗にするとおいしいとされる。

このほかにも、香りや造り方で分けることもできる。

そんな中、味わいと香りに注目して考え出されたのが、日本酒サービス研究会・酒匠研究会連合会（SSI）による4タイプの分類である。

味わいを横軸、香りを縦軸として分類し、味も香りも強いものを「熟酒《じゅくしゅ》」、味は濃いが香りは控えめなものを「醇《じゅん》酒《しゅ》」、味は軽やかで香りが強いものを「薫酒《くんしゅ》」、味も香りも控えめなものを「爽酒《そうしゅ》」としている。

各タイプごとに合わせやすい料理や適温が示されているので、飲みたい日本酒を探すときの参考になる。

知識チェック

Q1 甘口と旨口の違いは？

A1 同じような意味で使われることが多い。

アミノ酸などの旨味成分が多くコクのある酒を旨口と表現する。旨口の酒は甘味も強いことが多く、結果的に甘口と同じような意味合いで使われている。

Q2 燗って何？

A2 日本酒を温めて飲むことを燗という。

日本酒は温度を変えると風味が変化する。温めると香りが広がり、まろやかでふくらみのある味わいになる。湯煎にしたり、蒸したりして温めるが、家庭でも気軽に燗酒が楽しめるよう専用のグッズも販売されている。

“きれいな酒”とは

高い ⇔ 精米歩合 ⇔ 低い

旨味が強い ⇔ 酒のタイプ ⇔ きれい

雑味がなくさっぱりした酒は「きれいな酒」と表現される。精米歩合が低い米で造る酒ほどきれいな酒になる。反対に、精米歩合が高い米で造った酒は旨味が強くなる。

燗にしておいしい酒とは

低 ⇔ 温度 ⇔ 高

すっきり ⇔ 口当たり ⇔ まろやか

ドライ ⇔ 味わい ⇔ 甘味・旨味

一般に、香りが高い酒は冷やして、コクのある酒は燗にして飲むとおいしくなるといわれる。温度をあげることで甘味や旨味が増し、酸味がまろやかになる。熟酒や醇酒は燗にすることで、よりふくらみのある味わいになる。

“コクがある酒とは”

日本酒の味を表す言葉として、淡麗辛口や濃醇甘口という表現がある。辛口、甘口は甘味の度合いを示しているのに対し、淡麗、濃醇はコクの度合いを示す。濃醇と評されるタイプがコクのある酒である。

米を思わせるふくよかな香りがポイント

米の風味が強い酒ほどコクを感じやすい。低精白でアミノ酸やミネラルが多く残っているもの、純米酒や生酛系、無ろ過の酒など、米本来のふくよかな香りを持つタイプが該当する。

Notes 燗② 酒は徳利ごと湯煎にしたり、蒸したり、電子レンジにかけたりして温めることが多い。

日本酒のタイプ分類

味の濃淡と香りによって4つのタイプに分類できる。タイプごとに風味の特徴、適した飲み方、温度が異なる。

香りが高く深い味わい

熟酒《じゅくしゅ》タイプ

黄金色の熟成タイプ

古酒や秘蔵酒のような長期間熟成した、高価で希少性の高い酒が該当する。練れた熟成香と、甘味、酸味、苦味がバランスよく合わさった深い旨味があり、どっしりとした飲みごたえがある。

主な香り
ドライフルーツ、スパイス
主な酒のタイプ
古酒、秘蔵酒、長期熟成酒
香りが立つ温度帯
25～30度、35度

味わい → 濃醇

口に残る濃醇な味わい

醇酒《じゅんしゅ》タイプ

旨味とコクが魅力

米の旨味を感じられるタイプで、純米酒の中でも、生酛《きもと》や山廃系酒母を使用したものに多い。ふくよかで落ち着いた香りがあり、米の旨味にミネラルの風味が加わった日本酒らしい味わい。

主な香り
米
主な酒のタイプ
純米酒（特に生酛、山廃）など
香りが立つ温度帯
15～18度、40～55度

高い
（華やか・重厚）

香りが華やか

薫酒《くんしゅ》タイプ

果実や花のような香り

華やかな香りを持つ吟醸酒、大吟醸酒が該当する。飲み口が軽快でさっぱりとした、いわゆるきれいな酒である。ワインのようなフルーティーな風味があることから海外でも人気が高い。

主な香り
フルーツ、ハーブ
主な酒のタイプ
純米大吟醸、大吟醸
香りが立つ温度帯
10度前後

淡麗

香り

軽快でシンプル

爽酒《そうしゅ》タイプ

カジュアルに楽しめる

日本酒としてはもっとも軽快で、清涼感の高いものが多い。日本酒の中でもっとも多いタイプで、吟醸酒から普通酒まで幅広い酒が該当する。一年を通してカジュアルに楽しめる。

主な香り
レモン、ライム
主な酒のタイプ
生酒、生詰酒、低アルコール酒
香りが立つ温度帯
5〜10度

穏やか

Notes　燗③　鍋ややかんに直接酒を注いで温める「直火燗」やいろりを利用する燗もある。

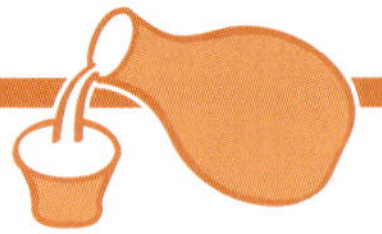

味わい3

日本酒の香り

米から造られているのに、花や果物、ナッツなど複雑な香りを持つのが日本酒の特徴。

日本酒は米から造られるが、香りはフルーツやハーブからナッツやきのこを思わせるものまでさまざまだ。香りのもととなる成分は、原料に由来するもの、発酵にともなって生成されるもの、熟成によって生まれるものなどがあり、その数は100種類以上にも及ぶといわれている。

香気成分は主にアルコール、エステル類、酸、そのほかの化合物に分けることができる。その中でもメインとなる香りは酵母が生成するエステル類によるもので、特に吟醸香の生成には酵母が欠かせない。

アルコール発酵は酵母が糖質を食べることによって起こる。日本酒は糖化とアルコール発酵を同時に行う並行複発酵方式であるため、酵母は糖ができ上がるのを待ちながら活動することになる。

吟醸酒の場合は、精米歩合が低い米を使うため酵母の栄養となるたんぱく質が少ない上、低温で発酵させる。このような条件下ではストレスを受けるため、酵母は代謝に異常をきたしエステル類を生成するのだ。

完成した酒の香りは、わかりやすいよう、ある程度共通した表現を用いて表されることが多い。花や果物のような香りは「華やかな香り」、柑橘系の果物やハーブのような香りは「爽やかな香り」、野菜や木、ミネラルのような香りは「穏やかな香り」、穀物やナッツ、スパイスのような香りは「ふくよかな香り」と表現する。また、香りが味にもたらす印象に着目して、甘味を思わせる香り、酸味を思わせる香りというように表現することもある。

知識チェック

Q1 器に注いだときと飲んだときに感じる香りが違うのはなぜ？

A1 香りは時間とともに変化する。

酒器に注いだ瞬間の香り、口に含んだときに感じる香り、飲み込んだ後の残り香は、同じ日本酒であってもそれぞれ異なる。空気中の酸素や温度の変化、各成分の揮発温度の差に影響されるためである。

Q2 老ね香って何？

A2 酒が熱劣化したときに発生する香り。

熱によるダメージを受けたなどに生じる。火落ち菌が発生したときの火落ち臭やろ過臭、炭臭などと並びマイナスの要素になる。

エステル系の香り（甘味、酸味）

エステルとは？

発酵にともなって生まれる香り成分のひとつ。酵母が糖を食べてアルコールを造る際に生成される。特に、精米歩合の低い米を使い低温で発酵させるなど、酵母にストレスを与えることで発生するエステルは、華やかでフルーティーな吟醸香のもとになる。

エステル由来の香りは熟した果物や香りの強い植物にたとえられ、華やかな香りと表現されることが多い。

甘味や酸味はエステルで決まる

エステル系の成分の香りは花やフルーツにたとえられる。代表的なものでは、酢酸イソアミルはバナナの香り、カプロン酸エチルはリンゴの香りといわれている。エステルの生み出す花のような甘い香りや柑橘系の爽やかな香りが、酒の甘味や酸味の要素になっている。

米由来の香り（旨味）

野菜やミネラルの香りは穏やかな香り、米やナッツ、乳製品のような香りはふくよかな香りと表現されることが多い。

米が持つコクのある香りは乳製品にも似た味わい

日本酒の香りの中には原料である米に由来するものもある。米そのものの香りだけでなく、餅や穀物、乳製品を思わせる香りもあり、ふくよかなコクが感じられる。このような香りを特徴とするタイプが醇酒であり、純米酒や生酛系酒母を用いた酒に多い。

アミノ酸がコクのもとになる

米由来のコクや旨味のもとになる成分がアミノ酸である。アミノ酸は米の表面のたんぱく質に含まれているため、精米歩合の高い米で造った酒ほどコクが強くなる。アミノ酸の量を示すアミノ酸度は、日本酒度や酸度と並んで、酒の味を知るための基準となっている。

Notes 燗④　アルコールは78度で揮発してしまうので、温め過ぎてはいけない。

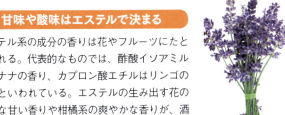

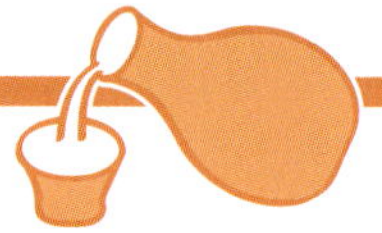

味わい4

日本酒のテイスティング

色や透明度などの外観、瞬間ごとに変化する香りや味わいを観察し、適切な言葉で表現する。

日本酒のテイスティングは唎き酒とも呼ばれる。もともとは造り手が酒の品質をチェックするための官能検査であり、異常がないかどうかを調べることが第一の目的だった。そのため欠点をあげていく方式で行われていた。

しかし近年では、日本酒のタイプが増え、香りの豊かさにも注目が集まるようになったことから、ワインのように酒の香味の特徴を表現するテイスティングも行われるようになっている。酒の個性や味わいをわかりやすい言葉で表現することによって、好みの日本酒を探したり、相性のよい料理や飲み方を判断したりしやすくなる。

テイスティングは単に味を見るだけではなく、①外観を見る、②香りを嗅ぐ、③舌で味わうの3ステップに分けて行う。

外観では酒の色合いや透明度、粘度をチェックする。にごりの有無や色のつき方、とろみの具合は味や香りを想像するヒントになる。香りは、最初に感じる上立ち香《うわだ》、口の中で感じる基調香、飲み込んだ後に口から鼻に抜ける含み香をそれぞれ分析する。また、味わいも香りと同様に口に入れてから最後の余韻までを段階的にチェックし、甘味、旨味、酸味などのバランスを判断する。

テイスティングを行う際には、直前のコーヒーやタバコは避け、化粧品や香水など香りのきついものを身につけないようにするなど、五感を最大限働かせられる状態で臨まなければならない。また空腹や満腹の状態も避けたほうがよい。

知識チェック

Q1 テイスティングにはどんな器を使うの？

A1 猪口やワイングラスを使用する。

醸造家は唎き酒専用の猪口を用いている。底に濃紺の蛇の目模様が描かれているため色合いや透明度を確認しやすい。香りに重点をおいたテイスティングでは、ワイングラスを用いることも多い。

Q2 テイスティングではどうやって味を判断するの？

A2 口の中全体を使って判断する。

飲んだときの印象だけでなく、舌の先からつけ根、口蓋や頬の感覚にも注意を向けながら、味の要素を分析する。

日本酒テイスティングの基本の流れ

Step1 見る

確認ポイント

1. 透明度
2. 色調（無色～琥珀色）
3. とろみ

日本酒を器に注ぎ、澄み具合や色調、とろみの有無を目で確認する。器は、酒造家は猪口を用いるが、一般的な唎き酒ではワイングラスを用いることが多い。

Step2 嗅ぐ

確認ポイント

1. 香りの強さ
2. 香りの複雑さ
3. 主体の香り
4. 全体の印象

注いだ瞬間の香り、口に含んだときの香り、飲み込んだ後の香りなどの変化にも注目しつつ、香りのイメージを分析する。香りの強弱や複雑さを把握することがポイントになる。

Step3 味わう

確認ポイント

1. 最初に口に含んだときの印象（アタック）
2. 味の複雑さと要素
3. 含み香の有無
4. 後味の余韻

少量を口に含み、舌全体を使って味わいを判断する。甘辛だけでなく、旨味や渋味などの要素にも注目し、味の複雑さや余韻の有無など酒の個性を見極める。

Notes 燗⑤　常温の酒は20度前後。燗酒は30～55度程度の温度になるよう加熱する。

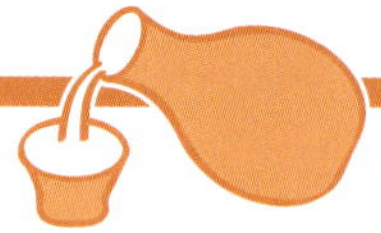

味わい5

日本酒と料理の相性

互いの旨味を引き出し合うのが相性のよい組み合わせ。酒が料理を、料理が酒をおいしくする。

複雑な味わいを持つ日本酒は、どんな料理にも合わせやすく食中酒に最適だ。和食だけでなくイタリア料理、フランス料理、中華料理など世界中の料理に合わせることができ、繊細な味のものにも刺激や香りの強いものにも、その持ち味を壊すことなく寄り添える。そのため、ワインのような組み合わせの規則は存在しないが、相性のよい組み合わせとそうでないものの目安はある。

酒と料理の相性がよいとはどういうことか。まず一つ目は、同じような風味を持つ酒と料理が相乗効果で互いの旨味を高め合う場合。甘い酒には甘い料理、さっぱりした酒にはさっぱりした料理が合う。

二つ目は風味の違う酒と料理が合わさって新たな味になる場合。組み合わせによって単独のときにはなかったおいしさが生まれる。

三つ目は酒が料理をおいしくする、または料理が酒をおいしくする場合で、一方が相手の味を引き立てる。そのほかにも酒が料理の脂っぽさや臭みを抑えたり、料理の保存性を高めたりという効果がある場合も相性がよいといえる。

相性が悪い組み合わせというのは、酒と料理を合わせることでおいしさが減る場合である。

組み合わせによっては酒の味と料理の味が反発し合ったり、不快な香味や舌ざわりが生じることがある。たとえば、酒が魚介の生臭さを際立たせてしまうケースが多い。また、酒と料理の味のバランスが悪く、相手の味を完全に殺してしまうような組み合わせも避けたほうがよい。

知識チェック

Q1 日本酒は和食以外の料理にも合う？

A1 どんな料理にも合う。

日本酒は和食だけでなく、洋食や中華、エスニック料理などあらゆる料理と組み合わせることができる。バターやチーズ、香辛料など和食以外の食材とも相性がよい。

Q2 料理との相性も酒のタイプ別に特徴がある？

A2 タイプごとに相性のよい組み合わせがある。

味わいと香りによる分類のタイプごとに、相性のよい料理が異なる。熟酒はコクのある料理に、醇酒は旨味の強い料理に、爽酒はあっさりとした料理に、薫酒は軽い料理に合う。

料理に日本酒を合わせる

同調するか相反する味を考える

料理に合わせて日本酒を選ぶ際の基本的な考え方は、同じような風味の酒を組み合わせるか、まったく異なる風味の酒を組み合わせるかのどちらかになる。甘い料理には甘い酒、スパイシーな料理にはスパイシーな酒というように、似たような味を持つもの同士を合わせると相性がよい。一方、異なる個性の味を組み合わせることで新たなおいしさを生むこともある。このような現象はワインの世界ではマリアージュと呼ばれているが、やや難易度の高い合わせ方である。

また、クセの少ない淡麗辛口の酒や醇酒タイプの酒であれば、どのような料理にも合わせやすい。

さっぱり　味　濃

& 薫酒タイプ 爽酒タイプ

酸味のある料理や、淡白な食材を利用した料理には、軽快な味わいの薫酒や爽酒が合う。

& 醇酒タイプ

煮物や炒め物など日常の食卓に並ぶようなおかずは、醇酒と相性がよい。牛乳やバターにも合う。

& 熟酒タイプ 爽酒タイプ

濃い味つけの料理、脂の多い食材には芳醇な味わいの熟酒が合う。軽やかな爽酒と合わせてもよい。

日本酒に料理を合わせる

「塩や味噌を舐めて酒をたしなむ」が進化した日本のアテ

食事に酒を合わせるのではなく、酒をおいしく飲むために食べ物をつまむことがある。いわゆる酒のアテというもので、西洋にはあまりない、日本酒ならではの楽しみ方である。

昔から、本当の酒好きは塩や味噌を舐めながら飲むといわれるが、酒のアテは塩辛やからすみ、酒盗のような塩分の濃いものが多い。

また、せんべいやおかきなどのスナック菓子は、塩気があり、日本酒と同じく米が原料であるため非常に相性がよい。

そのほかには、チョコレートやチーズ、ナッツなども酒の味を引きたてるつまみになる。

定番の万能おつまみ

日本酒の定番おつまみといえば、塩辛や酒盗、からすみなどの魚介の珍味類が定番。強い塩気と、発酵によるコクが酒の味を引きたたせる。

意外と合う洋風おつまみ

米と同じような穏やかな香りを持つナッツや、発酵食品であるチーズも相性がよい。また、日本酒はチョコレートのような甘いものにも合う。

Notes　燗⑥　日向燗《ひなたかん》　30度前後。温かさは感じないが、味は滑らかになる。

日本酒の英語

日本酒が世界のSAKEになるために 英語で造りを表現することは重要

昨今、アメリカやヨーロッパなどに日本酒が輸出されることが多くなったことを受けて、独立行政法人酒類総合研究所が、試行版ではあるが、「清酒の専門用語の標準的英語表現的リスト」を発表した。

日本酒＝海外ではsake（サケ）であることは広く知られているが、このリストの原本を見ると、麹はKoji（コウジ）、生酛はKimoto、山廃はYamahaiと日本語をそのまま使用している言葉も多い。

また、普通酒はnon-premium sake、またはOrdinary sakeと訳されているが、ワインにおけるtable wineに近いのではないかという意見もあるという。

世界の醸造酒の王様がワインとするならば、日本酒は新興勢力に過ぎない。日本のワイン輸入量と日本酒の輸出量をみても、その差は大きい。そのなかで、世界に日本酒が広まっていくためには、こうした英訳という試みは重要なものといえるだろう。

清酒の専門用語の標準的英語表現的リスト（抜粋）

用語(日本語)	ローマ字表記（ヘボン式）＊	標準的と考えられる英語表現（併記されているものは同義語）	その他に使用される英語表現
清酒	seishu	sake	saké
清酒醸造、酒造り		sake brewing, sake making	
酒造好適米、酒米、醸造用玄米	shuzo-kotekimai, sakamai jozoyo-gemmai	sake-brewing rice, sake rice	sake specific rice, sake-making rice
精米	seimai	rice polishing, rice milling	
精米歩合	seimai-buai	rice-polishing rate, rice-polishing ratio	percentege of rice polishing, degree of rice polishing
心白	shimpaku	shimpaku, white core, opaque white center(of rice)	pearl of rice
限定吸水	gentei-kyusui	limited water absorption	
麹	koji	koji	
米麹	kome-koji	(rice)koji	
製麹する	seikiku-suru	make koji	propagate koji mold
清酒酵母	seishu-kobo	(sake)yeast	
生酛	kimoto	kimoto starter culture, kimoto	kimoto seed mash
醪	moromi	fermentation mash, ferment, main fermentation	main fermentation mash, (sake)mash, main mash
三段仕込み	sandan-shikomi, sandan-jikomi	three-step preparation of fermentation mash	three-stage mashing process, mashing in three stages
特定名称酒	tokutei-meisho-shu	specially designated sake, premium sake	

第四章

日本酒の歴史をたどる

日本酒のはじまり

縄文時代〜鎌倉時代

最初に伝わった米は、古代米と呼ばれる赤米や黒米だったとされている。

日本での、はじめての酒は果実酒

縄文時代中期より、酒造りの痕跡は見られるが、今の日本酒とは異なり、米ではなくヤマブドウなどの果実を原料としていた。いわゆる果実酒で穀物酒ではなかった。

一方、穀物を原料とした酒造りは、今からおよそ2600年前に中国より伝わったとされる。奈良時代に書かれた『大隅国風土記』の中では、「口噛ノ酒」が造られていたと書かれている。

口噛ノ酒とは、唾液《だえき》に含まれるでんぷん分解酵素を利用したもので、雑穀やいもなどでんぷんを含んだ植物を一度、口で噛み、つぼの中に吐き出して造る酒のことである。唾液のでんぷん分解酵素により、植物のでんぷんが糖に分解され、野生酵母によるアルコール発酵で、酒になる。果実酒のような自然発酵ではなく、人工的な発酵が、この時代より行われていた。

また、この酒造法は日本だけで行われていたのではなく、アンデス高原やアマゾンの先住民にも見られる。

人生の節々の行事に飲まれた酒

3世紀頃に書かれた『魏志《ぎし》倭人伝《わじんでん》』には、縄文時代から弥生時代の、日本での飲酒に関する記録がある。そこには「死者がでると、喪主は十日あまり喪にふくし、他人は喪に参じて詠い舞い、飲酒をする」と記されており、当時から、人生の節目となる行事に、人々は酒を飲んでいたことがわかる。

ヤマタノオロチも酔った ヤシオオリの酒

古代から、酒は神事に欠かせない存在でもあった。それを象徴するのが新嘗祭《にいなめさい》だ。新嘗祭は現在でも行われている行事で、11月に翌年の豊穣《ほうじょう》を神に祈願し、その年の新米で酒を造って神前に供える。現在は、11月23日に制定されているが、祭りの始まりは、水耕稲作が伝わった同時期とされ、当時は巫女により酒が造られていた。今も、11月になると各地の神社では新酒が神前に供えられる。

また、神話にも酒は登場する。代表的なものが、奈良時代に編纂された『古事記』だ。出雲神話のスサノオノミコトが、手摩乳《てなづち》、足摩乳《あしなづち》という酒を造らせ、ヤマタノオロチに飲ませて退治したという話は有名で、その酒は「ヤシオオリの酒」と呼ばれていた。漢字では「八塩折之酒」と表記され、「八」という字は「たくさん」、「塩」は熟成した醪《もろみ》を搾った汁、「折」は「繰り返し」という意味である。そのため、醪《もろみ》を搾った汁に麹《こうじ》と蒸米を入れて発酵させ、さらに、何度か繰り返して発酵させて造られた酒であったと考えられている。当時から、現代の日本酒の原型のような酒を造る技術があったことがこの文面からうかがえる。

出雲神楽で「ヤシオオリの酒」が出てくるシーン。／雲南市商工観光課

万葉集に詠われた 庶民の酒

現代と同じように麹菌で発酵させて酒を造る技術は、奈良時代初期に始まる。奈良時代の716年に編纂された『播磨国風土記《はりまのくにふどき》』では、「神棚に備えた御饌《みけ》（米飯）が雨に濡れてかびが生えたので、これで酒を醸して神に捧げ、宴を催した」という記載があり、米にかびを発生させて麹を造る様子が記されている。

一方、8世紀頃に編纂された『万葉集』には、元夫に恋慕する妻の気持ちを詠んだ「味飯《うまいひ》を　水に醸《か》みなし　わが待ちし　かひはさねなし　直《ただ》にしあらねば（おいしいご

MEMO

実在している八塩折の酒

八塩折の酒を再現して、造られた酒が販売されている。熟成させた酒を搾っているため、深みがある味わいだ。／国暉酒造株式会社

Notes 燗⑦ 人肌燗《ひとはだかん》 35度前後。米の香りが立ち、さらりとした酒になる。

飯で酒を造って待っていたのに、直接お会いすることができないのであれば、その甲斐はまったくありません)」という歌があり、この頃から、家庭でも酒の醸造が行われていたことがわかる。

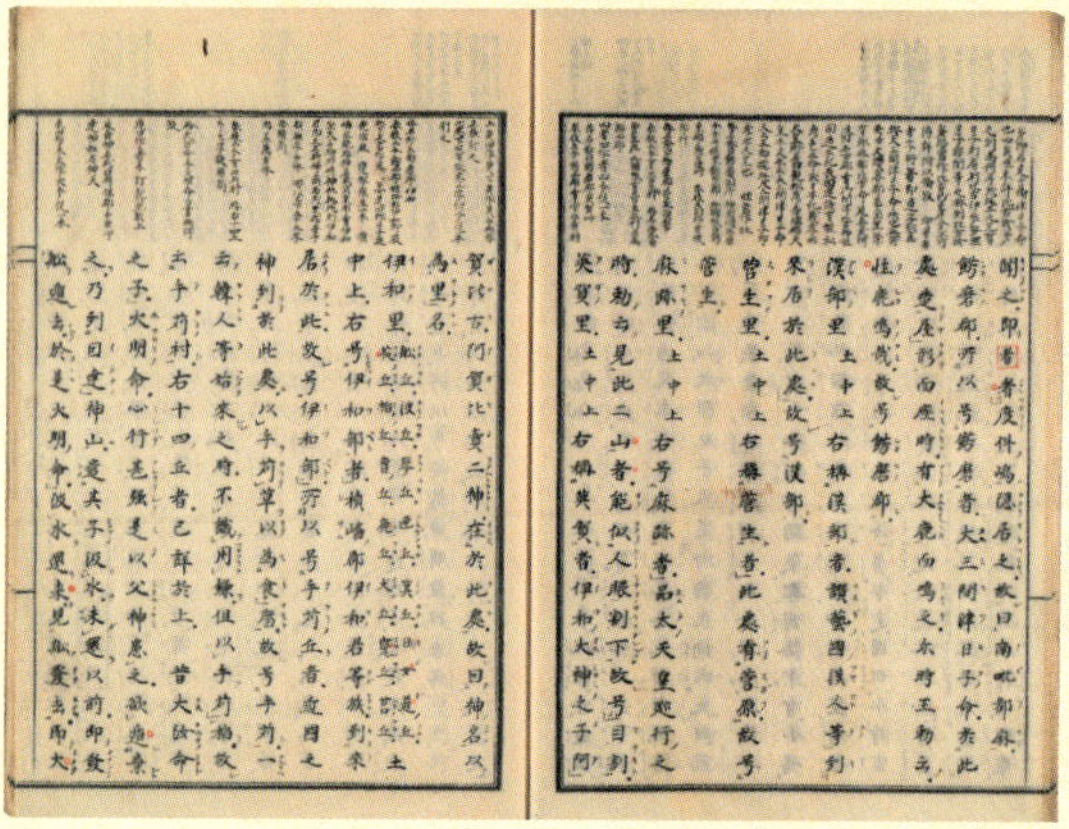

現在の兵庫県にあたる『播磨国の風土記』には、麹を使った酒造りの様子が残る。／国立国会図書館所蔵

宮廷には酒の専門機関があった

宮廷でも、酒造りは行われていた。奈良時代には、朝廷に「酒部《さかべ》」と呼ばれる酒造り専門の機関があった。これは平安時代には、「造酒司《さけのつかさ》」という名に変わって存続している。

当時の酒は、平安時代の朝廷の規定を記した『延喜式《えんぎしき》』によれば、大きく4つに分けられていたという。「御酒糟《ごしゅそう》」という天皇や高級官人が飲む酒、「雑給酒《ざっきゅうしゅ》」という下級官人や雑役夫が飲む酒、新嘗祭などの祭り用の「白酒《しろき》・黒酒《くろき》」、春と秋の二回、孔子とその弟子を祀る釈奠《せきてん》の儀に供える「釈奠《せきてん》料《りょう》」である。

そのほかにも、さまざまな酒造法が『延喜式』には記されており、米粉で造られた酒や、仕込み水の代わりに酒で仕込むにごり酒など、当時の酒造法がバリエーションに富んだものであったことがわかっている。

また、平安時代に始まったのが寺院での酒造りだ。これを「僧坊酒《そうぼうしゅ》」と呼び、この後、室町時代から鎌倉時代にかけて、日本の酒の中心となっていく。

禁酒令が出された鎌倉時代

平安時代末期から鎌倉時代にかけて、京都を中心に、寺院で造られた僧坊酒を販売する酒問屋や、民間の造り酒屋が誕生した。代表的なのは、室町時代に京都にできた「柳《やなぎ》酒屋《さかや》」と「梅酒屋《うめさかや》」という名の酒屋で、京都で人気を博していた。

鎌倉時代になると、台頭してきた武士たちが酒を購入して酒宴が開かれることもあったという。

しかし、鎌倉時代の中頃、酒を禁止する「沽酒禁令《こしゅきんれい》」が幕府よりだされる。市場では酒の売り買いが禁止され、民家では酒壺が破棄された。理由は、酔った末の殺傷事件が街中で相次いだことや、全国で大飢饉が頻繁に起きたことなど、いろいろな説があり、はっきりとはわかっていない。

ただし、この後、酒税の徴収が開始されているため、禁酒令は発令後、まもなく廃止されたと考えられる。

麹の歴史をたどる

酒に欠かせない麹菌の力

麹には、米などの穀物にカビを繁殖させて作る「撒《ばら》麹《こうじ》」と、小麦を水で練ったものにカビを繁殖させて作る「餅麹《もちこうじ》」の2種類がある。

日本では、「撒麹」が多く使われているが、中国やタイ、フィリピンなどでは「餅麹」が主に使用されてきた。これは、食文化が大きく関係しているといわれており、日本では米を主食としたことから「撒麹」が、中国の一部地域では麦や雑穀類を粉にして主食としたため「餅麹」が定着したといわれている。

麹菌は、温暖多湿な東南アジアに主に生息する。アジア圏の酒にとって、麹はアルコール発酵を促す重要な存在であった。

麹による酒造り

麹菌の力によって酒が造られ始めたのは、奈良時代からとされる。麹での酒造りが当たり前となると、鎌倉時代には、酒屋に麹を売る民間業者が増え、「麹座《こうじざ》」という同業組合も作られた。

麹座は幕府により、麹を独占的に売ることを認められていた。しかし、一部の酒屋では、麹作りは酒造業者の範疇内であるとして、自家製で麹を造る業者もあった。

室町時代になると、徐々に酒屋と麹座との間で麹造りの権限をめぐる争いが起こる。その後、幕府によって、麹座は解体され、麹作りは酒屋の仕事となっていった。

室町時代、町によく見られた麹屋。／国立国会図書館所蔵

Notes 燗⑧　ぬる燗　40度前後。香りが高くなり、味はふくらみを持つ。

日本酒の歴史をたどる

室町時代

僧坊酒の発展

寺の経営難を救った僧坊酒

室町時代になると、寺院で造られた「僧坊酒《そうぼうしゅ》」が支配階級の間で好まれるようになっていった。

神道では、神酒（みき）を神に供える習慣がある。

僧坊酒の始まりは前述のとおり平安時代である。荘園を持つ寺院が、年貢として徴収した米で神事用の酒を造ったことが始まりで、奈良・東大寺や京都・醍醐寺《だいごじ》にも「酒屋」という建物が存在していた。寺院が商業的に酒の販売を始めたのは鎌倉時代後期から室町時代初期頃。農村では、一揆が繰り返し起こり経済基盤が不安定になったため、寺の財源確保のために酒の販売が始められた。

僧侶というと酒を禁止されているイメージが強いが、実際は「禁酒」は建前だけのものであったという。明治にな

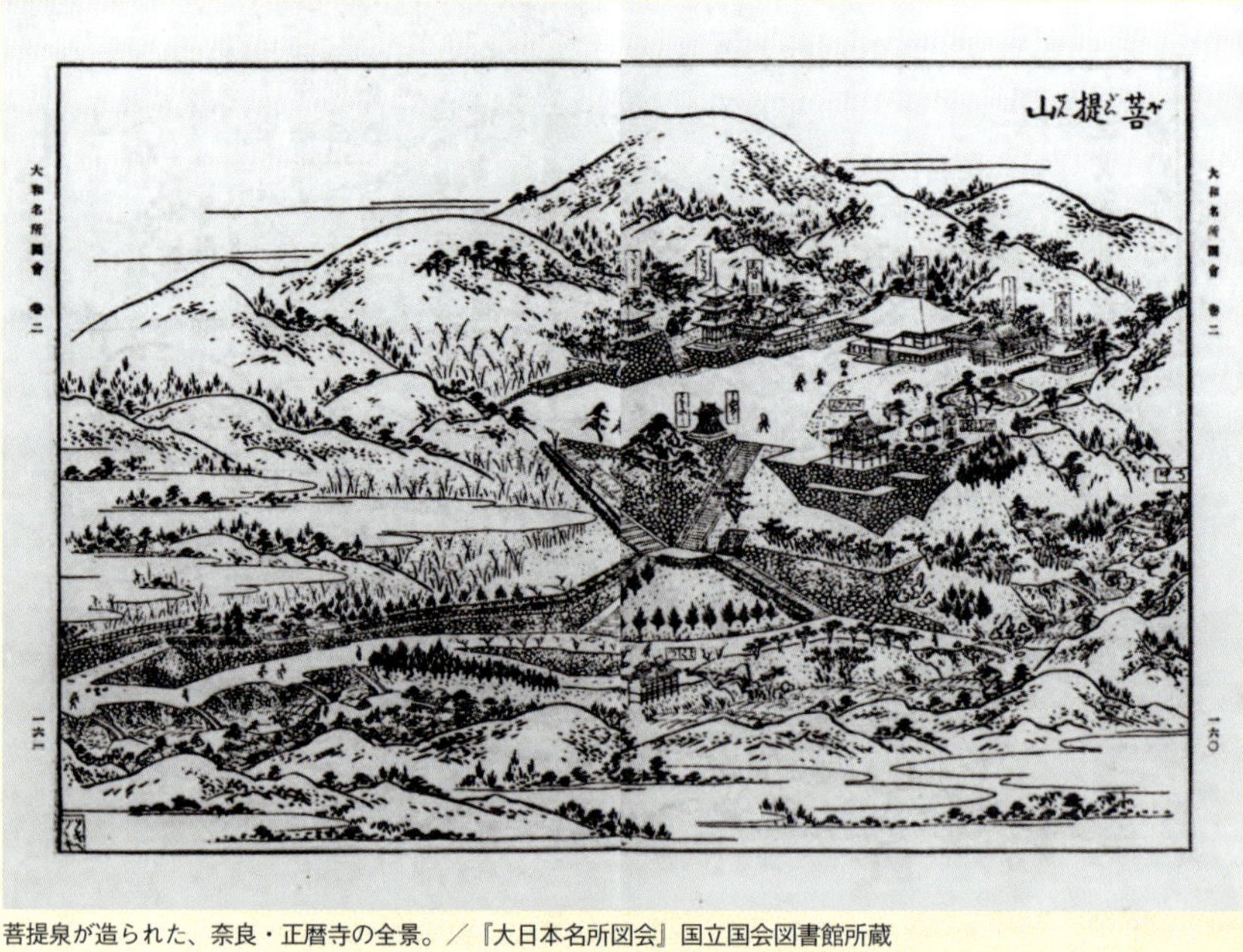

菩提泉が造られた、奈良・正暦寺の全景。／『大日本名所図会』国立国会図書館所蔵

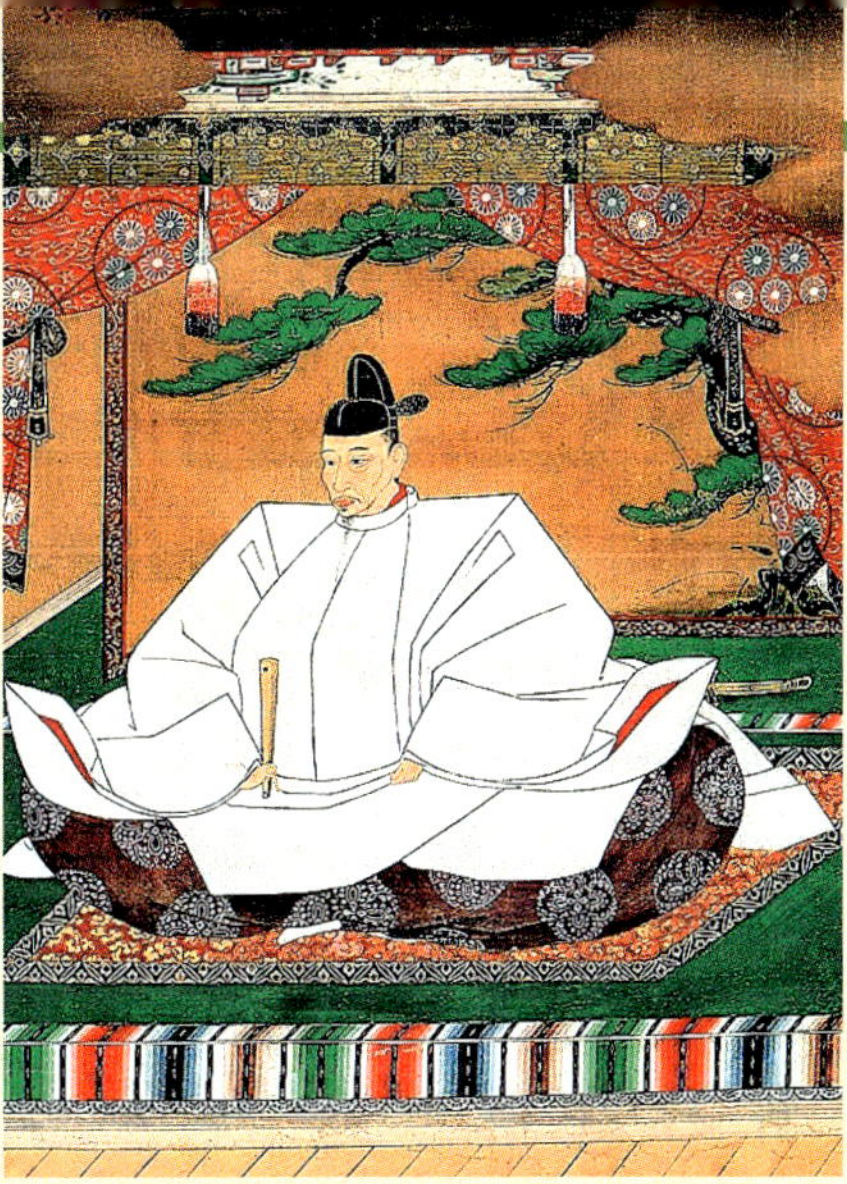

天野酒を好んだ豊臣秀吉。／高台寺所蔵

MEMO

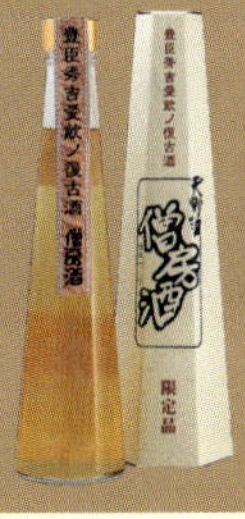

秀吉も愛した天野酒が復活

天野酒は、日本酒度が90から100と言われており、超濃厚な甘口の酒であった。西条合資会社などから復刻した天野酒が販売されている。／西条合資会社

るまで、仏教は、神道とはっきり区別されておらず、神社の中に寺が併設されていたこともよくあった。そのため、神道の神にお供えする祭事用の酒造りが寺で行われ、寺の規則である禁酒と相反し、僧侶の飲酒は一般的であったという。

僧坊酒の中の人気酒

多くの寺院で僧坊酒は造られたが、特に味の評価が高かったのが、奈良・正暦寺の菩提泉《ぼだいせん》と、大阪・天野山金剛寺の天野酒《あまのざけ》である。

菩提泉は室町時代、八代将軍、足利義政に「天下の銘酒」と言わしめた酒だ。正暦寺の酒造法の特徴は、酛《もと》の仕込み水に生米と炊いた米を入れて乳酸菌を増殖させた「乳酸水」を使うことで、この方法は、江戸時代後期に完成された「生酛《きもと》」の原型となる。また、菩提酛を水酛ということもある。味は乳酸菌由来の風味がきいた個性的な味わいであったという。

天野酒は僧坊酒の生産量が減る安土桃山時代後期まで醸造が続けられ、豊臣秀吉が好んで飲んだことでも知られる。秀吉が、わざわざ金剛寺によい酒造りに専念するよう命令をしたという話も残る。

現在の日本酒の造り方は基盤となる方法は?

当時より、日本酒のアルコール濃度を高める方法として「醞《しおり》方式」と「酘《とう》方式」という方法があった。醞方式は、水の代わりに薄い酒で仕込むことで、高濃度にしていく手法である。一方、酘方式は酒母に原料米を複数回に分けて投入し、酵母の発酵力を高く持続させることで、高濃度にする手法だ。

僧坊酒の造りは酘方式で、日本酒造りの基本である「三段仕込み」の基盤になったとされる。

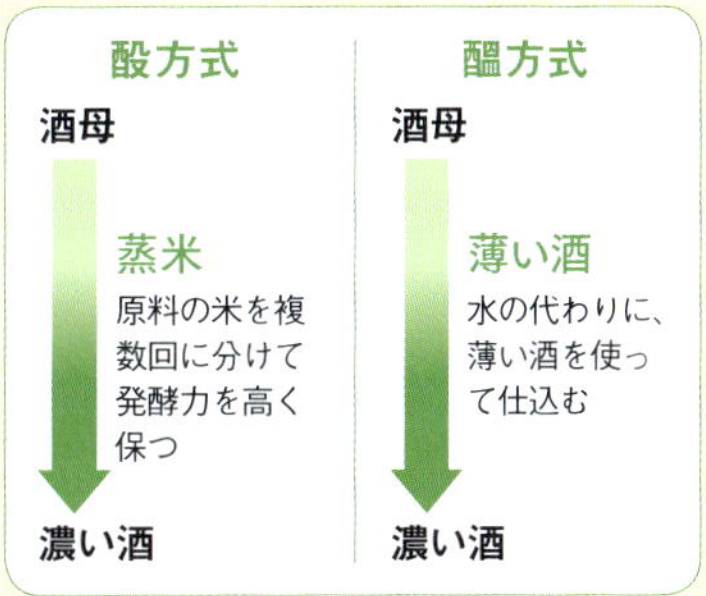

Notes 燗⑨ 上燗《じょうかん》 45度前後。注いだときに湯気が立つ。ひきしまった味になる。

日本酒の歴史をたどる

室町後期〜安土桃山時代
南都諸白から始まった清酒ブーム

正暦寺には清酒発祥の地として石碑も立っている。毎年１月には、当時と同じ手法で酒母の仕込みも行っている。

MEMO

菩提酛を使って造られた酒

正暦寺で造られた酒母は、「奈良県菩提酛による清酒製造研究会」に所属する蔵元にて、造られている。／油長酒造

僧坊酒から生まれた南都諸白

室町時代後期には寺による酒造りが一層盛んになり、日本清酒発祥の地、菩提山正暦寺を中心として今の清酒造りの根幹となる技術が確立される。その技術の中のひとつに「諸白《もろはく》」がある。諸白とは、麹米と掛米の両方に白米を使った酒で、諸白に対して麹を玄米、掛米で造った酒は「片白」と呼ばれた。当時、奈良県は「南都」と呼ばれていたため、奈良県を中心に広まった清酒の諸白は「南都諸白」と総称された。

南都諸白の技術が広まる

南都諸白をきっかけに、清酒のすっきりとした味が人気となり、近畿地方では、地名を冠した諸白が生まれた。

戦国時代後期、荘園制の衰えと同時に、寺院の力も衰退し、僧坊酒は減少する。

しかし、大阪や兵庫など、奈良や京都に近い場所では、民間の酒造家により諸白造りは継続され、その技術は地方へも伝わった。１５９２年の豊臣秀吉による朝鮮出兵は、諸白技術が地方に広まったきっかけのひとつである。海軍の慰安品として選ばれた酒の中で、南都諸白のみが、潮風の当たる海上輸送にも耐え、香りや色が変化しなかった。この話は海上輸送の中継地であった九州や瀬戸内の港町で広まった。

南部諸白の技術を知る

現在の造りにつながる諸白の技術

防腐性に富む南部諸白の酒に使われていた技術は、現在の酒造技術にもつながるもので、段仕込みや火入れなど、酒の腐敗を防ぐ方法が多く取り入れられていた。特に、火入れ方法は、1860年代にフランスで発見された低温殺菌法と同じ技術である。ヨーロッパよりも300年ほど早い戦国時代末期に、同じ技術が日本で使われていることになる。当時の酒造りについて記録されている、『多聞《たもん》院日記《いんにっき》』から工程ごとに、特徴を見てみよう。

原料

諸白は、麹米、掛米のどちらにも白米を使用していたが、精米歩合は非常に高く、98・3パーセントという記録が残る。ほぼ玄米といってよい米だ。

段仕込み

現在と同じ「酘《とう》方式」、三段仕込みの記録があり、初添、仲添、留添の3回に分けて原料を仕込んでいた。段仕込みには四段などもある。

酒母の育成

酒母は、正暦寺の「菩提《ぼだい》泉《せん》」由来である乳酸菌を使った方法で育成されたものだった。乳酸菌の力により雑菌を防ぎ、醪の腐敗を防ぐことができた。

火入れ

火入れは、殺菌のために行われる。当時は、腐りやすい夏に酒を造るときだけ行っていたという記録が残っている。

澄まし灰

酸化が進み、酸っぱくなってしまった酒には、木灰炭や石灰を加えて、酸を中和し、味を調えていた。酒蔵ではもちろん、酒問屋も行っていたという。

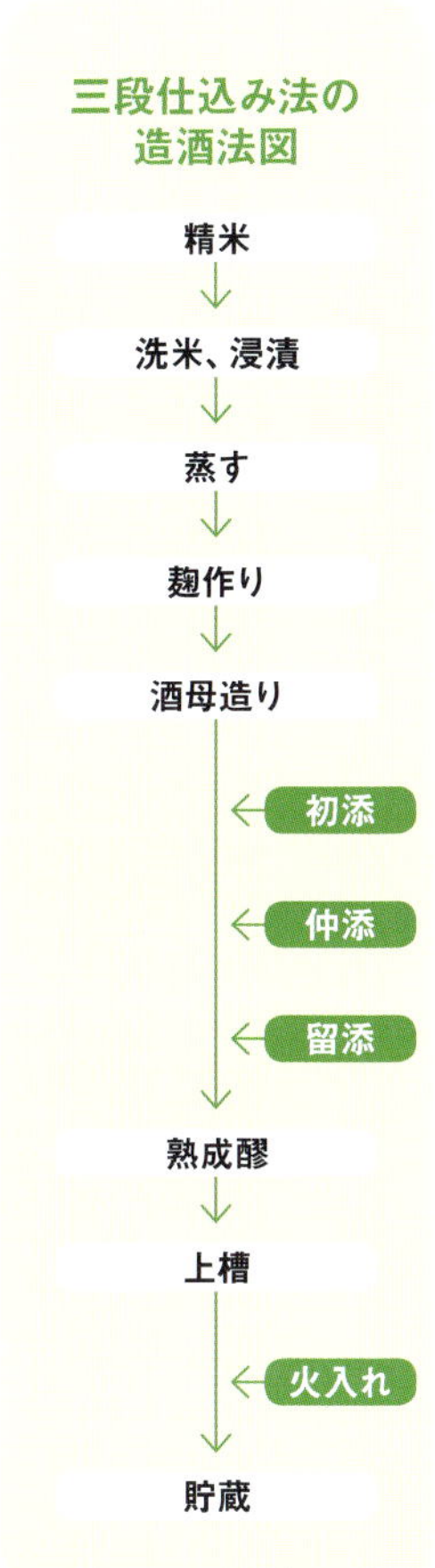

 Notes 燗⑩ 熱燗《あつかん》 50度前後。香りも鋭くなり、キレのよい辛口になる。

日本酒の歴史をたどる

江戸時代前期

日本酒造りの技術の確立

伊丹諸白から生まれた日本酒造りの基礎

江戸時代に入ると、酒といえば清酒を指すようになり、今とほとんど変わらない姿となった。

また、現在の基礎となる酒造法が確立したのも江戸時代である。当時の酒造りは、味が不安定だったり、雑菌が繁殖して酒が腐ったりと、問題を抱えていた。そこで、酒蔵は経験と勘を生かし、失敗しない酒造りを考案していく。特に兵庫県の伊丹《いたみ》では、日本酒造りの土台である「寒造《かんづく》り」「三段仕込み」が考案された。

「寒造り」とは冬季のみに酒を仕込むことだ。腐敗菌や酢酸菌の活動が活発でない冬季に醸造を行うことで、酒の腐敗を減らした。また、酒の消費が一番多くなる正月に向けて、約1年前の冬から仕込み、春から秋にかけて熟成させるため、出荷量のある年末に、味も香りもよい状態で酒を出荷できた。しかし、寒造りは発酵に時間がかかるため、伊丹では、酒の一部を寒造りで造り、高級酒として販売していた。

伊丹の諸白のもうひとつの特徴に、量産方式がある。南都諸白の三段仕込みは、原料

伊丹の酒が出荷される図。「下り酒」として江戸で多く飲まれた。／『大日本物産図会』早稲田大学図書館所蔵

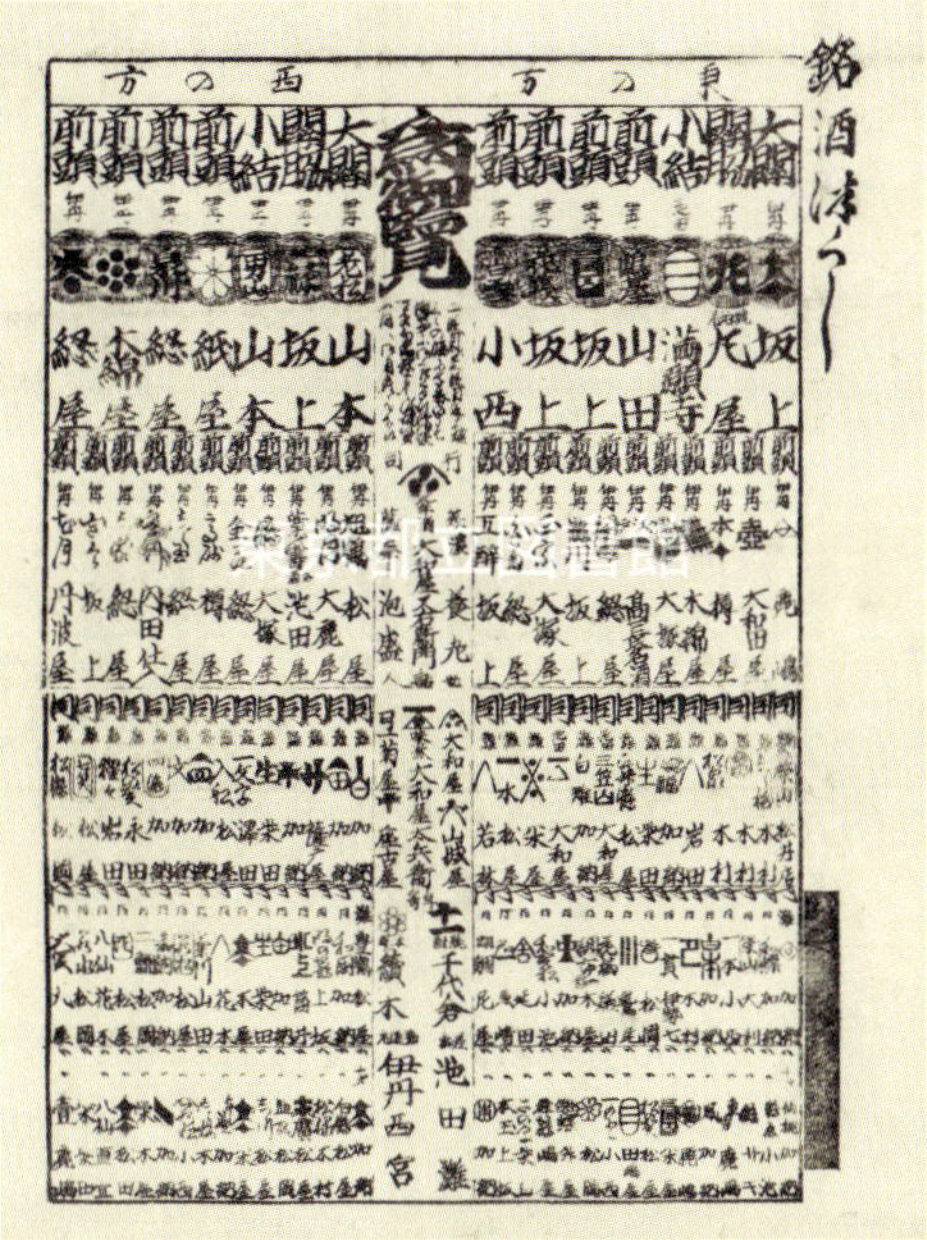

江戸時代の銘酒番付表。／東京中央図書館所蔵

酒樽廻船の登場で、運搬速度は速まった。／東京都古文書館所蔵

MEMO

再現された江戸時代の酒

江戸時代初期に造られていた酒の多くは、濃厚な甘口であった。当時の造りを再現した日本酒が造られている。／小西酒造

を等量ずつ仕込む方式であったが、伊丹諸白では、各段階で原料を倍増させながら仕込む。そのため一度に比較的多くの酒を仕込むことができた。

寒造りの普及

寒造りの技術は、伊丹だけではなく、ほかの酒造地にも広がっていく。そのきっかけは、江戸時代前期に幕府が実施した、寒造り集中化政策であった。

江戸時代に入ったばかりの頃は、酒は一年を通して造られていた。しかし、酒造りには大量の米を使用するため、主食とする米が足りなくなることもあった。米不足に陥らないよう、幕府は酒造期間を冬に限定することで、酒造量を減らし、米の供給量を調整した。

江戸で人気となった下り酒

江戸は消費都市として発展し、多くの物資が全国から集まった。その中には酒も含まれ、特に、「下り酒」と呼ばれた上方で造られた酒は人気だった。当時、特に人気があったのは、伊丹や池田で造られた酒で、ほかの酒よりも高値で取引されていたという。

江戸への運搬方法は、最初は馬であったが、江戸時代初期には海上輸送となり、「菱《ひ》垣廻船《がきかいせん》」と呼ばれる船で、味噌や醤油などと一緒に運ばれた。その後、酒の量が増えると「酒樽廻船」という酒専用の船ができる。

また、酒造りは江戸時代初期から免許制になる。幕府は1657年に酒株制度を設け、無株の酒造りを禁止した。

Notes 燗⑪　飛び切り燗　55度以上。極めて辛口になり、刺激を感じる。

絵図から見る日本酒造り

杜氏の誕生が日本酒をより上質な酒にした

酒造りは、温度や湿度、麹菌といった自然を相手とするため、毎日環境が変わる。その変化を見極め、コントロールすることが、酒造りには重要とされる。

造り手の技術が求められ、江戸時代には、酒造りの専門職が誕生した。いわゆる、杜氏《とうじ》制度の誕生である。原料である米のことをよく知る農民から、酒造りを専門とする職人が多く誕生し、その中でも酒造りの指示を出すリーダーを「杜氏」と呼んだ。その下に、蔵人と呼ばれる酒造労働者たちがおり、酒造りの各工程を分業化した。この分業化により、各工程の効率があがり、酒の量産にもつながった。

この時期に完成された技術は、前述した「寒造《かんづく》り三段仕込み」だけではない。酒の腐敗を避けるため、「柱焼酎《はしらじょうちゅう》」という技術も生まれた。醪《もろみ》に焼酎を入れてアルコール度数を高くし、菌の発生を防ぎ、酒を腐りにくくする技術で、これは、江戸までの船輸送に耐え得る酒にするために開発されたものでもあった。また、南《なん》都諸白《ともろはく》から生まれた、火入れなどの技術も一般化した。

灘での酒造りの様子。分業化されて作業が行われた。／『大日本物産図会』早稲田大学図書館所蔵

米の手洗い

当時の洗米方法は、今と同じ方法で「白米一斗を半切り（浅いたらい状の桶）に入れ、水を加えてかきたてて、ちりや糠を流し、2回目はよく研ぎ、3回目に水を加えて流すと研ぎ水は澄む」と書かれている。

米を蒸す、麹作り

米を蒸す釜は、今の和釜と同じ大きさのものであった。また、米を早く蒸すために、少しずつ何回かに分けて加える「抜けがけ法」が採用されている。蒸し時間は「蒸気が抜けてから2時間くらい」と、現在の倍ほどかかった。

酛仕込み

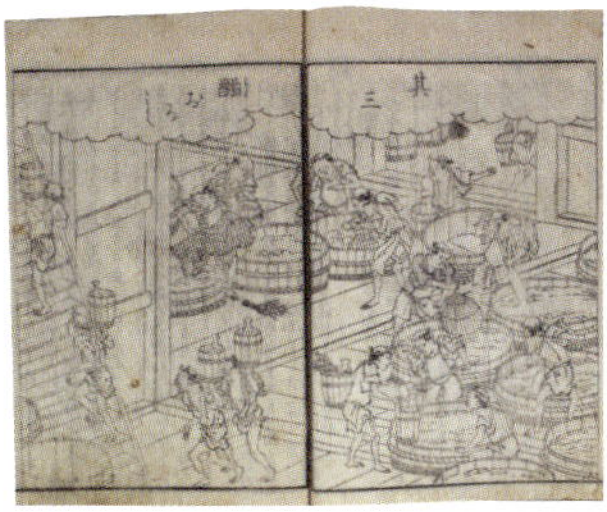

現在の手法とほとんど変わらず、蒸し米と水と麹を半切りに分けて入れ、水が全て吸収されたら米を攪拌する。この後、手でかき混ぜしばらく置き米をすり潰す「山卸《やまおろ》し」を行い、空気中の乳酸や酵母による発酵を待つ。

本仕込み

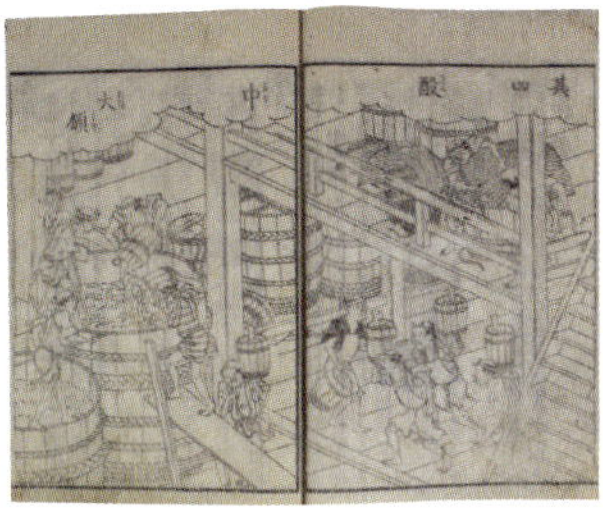

でき上がった酒母に、麹、蒸し米、水を3段階に分けて入れる。このとき、増量しながら仕込むことで、量産することができた。また、段階に分けて原料を仕込むことで、酒母《しゅぼ》の発酵力を弱めず、酒の酸化を抑えることができた。

醪を搾る

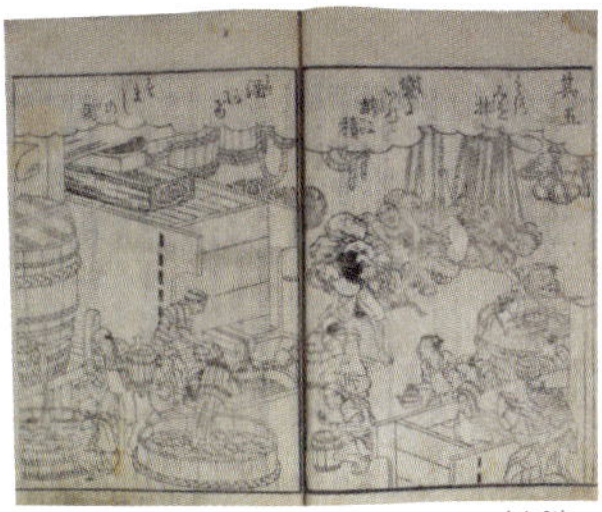

醪を酒袋に入れて重石をかけて「酒槽《さかぶね》」で圧搾しながら搾り、ろ過されて、搾り上げ澄み酒が完成する。これを澄まし桶に入れて4～5日経つと底にオリが沈殿する。この作業の初めを初揚げ、完了時を総仕舞という。

画像全て『日本山海名産物図絵』より／大分市歴史資料館

MEMO

「酒槽」は大がかりなもので、大人の男が数人がかりで酒を搾った。／白鶴酒造資料館

Notes 冷酒① 日本酒は冷やすことで飲み口が引きしまり、すっきりとした味になる。

灘の酒が江戸でブームに

江戸時代中期（～江戸時代後期）

今までにない辛口酒がブームになる

江戸中期になると人気の銘醸地は伊丹《いたみ》や池田から、灘《なだ》へと変わる。灘の酒は江戸の消費量の7～8割を占めるほどであった。

灘の酒が、江戸で圧倒的な地位を得た背景のひとつに、「宮水《みやみず》」の発見がある。現在の西宮市で発見された宮水は、日本の水の中では硬度が高く、ミネラルが豊富なため、米の糖化と発酵を促進する作用を持つ。この水質が、辛口の酒を造り出し「灘の生一本」と賞賛された。

寒造《かんづく》りに特化したことも灘が高い評価を得た大きな要因である。仕込み期間が限られる寒造りに特化できたのは量産技術の発展が背景にあった。たとえば、従来足踏みで行っていた精米を、六甲山が水源の急流に設置した水車で行い、一度に大量の精米を可能にした。米の吸水率を高める研究も行われ、従来と同じ量の米で、仕込み水を増やしてもアルコール濃度を維持できる、麹《こうじ》の配合などの工夫がされた。

また、港町の灘は、海運の便がよく、江戸への輸送の利便性から伊丹の酒造家が灘へ移転することも多かった。

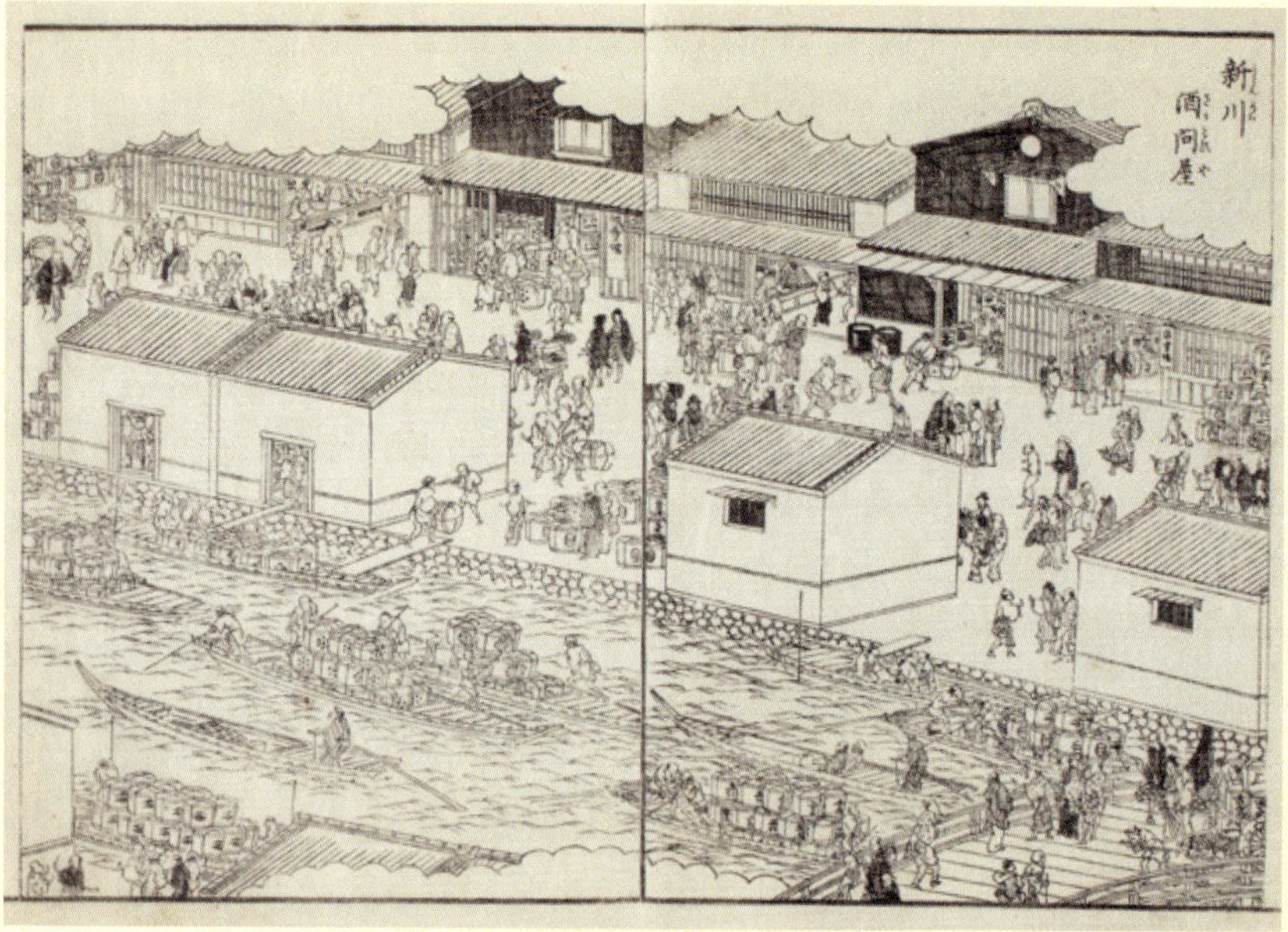

江戸時代には多くの下り酒が運ばれた。／『江戸名所図会　1巻』より「新川酒問屋」東京中央図書館所蔵

江戸の人々と酒

居酒屋文化は江戸が発祥

室町時代、京都では「柳《やなぎ》酒屋《さかや》」「梅酒屋《うめさかや》」という名の高利貸し兼酒屋があり、大人気であった。しかし、一般大衆が飲むことのできる酒は限られており、上等な酒は上流階級だけのものだった。庶民でも上質な酒が手に入りやすくなったのは、江戸を中心に酒屋が多くできた江戸時代からであった。

一方、酒と食事を楽しめる居酒屋は、江戸時代中期頃に誕生する。女性より男性の数が多かった江戸では食事がてら酒も飲める居酒屋が受け、数を増やしていった。居酒屋の始まりは諸説あるが、煮売り屋が居酒屋の原型とされる。煮売り屋とは、煮豆、煮しめ、おでん、田楽豆腐などを売っている店で、店構えは、屋台を少し大きくしただけの簡単なものであった。客は縁台に座って、煮物などをつまみに酒を飲んでいたという。

居酒屋にて酒を楽しむ人々の様子。／国立国会図書館蔵

お猪口の始まりはそば猪口だった

漆器中心であった杯も、江戸時代になると肥前有田焼が江戸に流通し、磁器のものが一般化した。江戸時代初期から中期には、そばのつけ汁容器サイズの「猪《ちょ》口《こ》」が使われるようになったが、この猪口は、和え物などを入れる円筒型の食器で、いわゆるそば猪口といわれる大きめのサイズだ。

その後、江戸時代中期には一回り小さい現在のサイズが登場している。当時より、徳利は存在し、ちょびちょびと酒を注ぎながら肴をつまむ様子は、現在とさほど変わらなかった。

MEMO

当時の定番おつまみは田楽だった!?

当時のおつまみは田楽など簡単なものであった。魚や鳥など、レパートリーが増えたのは19世紀以降とされる。

Notes 冷酒② 一般的に、吟醸酒や淡麗辛口の酒が冷酒に向くとされている。

日本酒の歴史をたどる

明治時代

明治維新と日本酒

酒株制度の廃止で自由化された醸造

明治に入ると、日本にもビールやワインが輸入されるようになった。しかし、酒問屋や小売店では、そういった洋酒を扱うところはまだ少なかった。

「日本酒」という名称が使われ始めたのは、この頃である。米と麹と水のみで造る日本酒に興味を持った欧米人の醸造家が、日本酒について分析、発表するときに自国の酒類と判別するために「日本酒」と呼んだことが始まりだ。

また、1873年（明治6年）に開かれたウィーン万国博覧会にも日本酒は出品されており、それが、日本酒の初のヨーロッパへの輸出であったとされている。

明治時代になると、日本酒造りを取り巻く環境も変化する。江戸時代から続けられていた、酒造りの免許制度であった酒株制度は廃止となり、醸造は自由化され、免許料などを払えば誰でも酒造りが始められるようになった。

西日本各地で誕生した銘醸地の特徴

灘は、明治時代になっても江戸時代と変わらず、日本酒

来日した欧米人には日本酒がふるまわれて酒宴が催されることもあった。／神奈川県立図書館所蔵

明治期に酒造量を増やした酒造地の酒たち

賀茂鶴酒造
広島・西条

1873 年（明治 6 年）。酒銘を「賀茂鶴」に命名。明治期から先進的精米技術を採用し、全国清酒品評会，初の名誉賞を受賞。

菊池酒造
岡山・玉島

1878 年（明治 11 年）に創業。代表酒「燦然」は、現在でも多くの賞を受賞する銘酒として知られている。

比翼鶴酒造
福岡・城島

1895 年（明治 28 年）創業。代表酒「比翼鶴」は明治 31 年にパリ万博で有功金牌、昭和 4 年宮内献納等の栄誉を獲得。

月桂冠
京都・伏見

創業は 1637 年（寛永 14 年）。明治時代に科学技術をいち早く導入し瓶詰で酒を販売した。第 1 回全国新酒鑑評会で第 1 位。

の主要産地であった。しかし、酒株制度の廃止により、新たな酒造地も多く誕生し、各県の酒造量も変化していく。

特に、明治時代になって酒造量を増やした酒造地のひとつに京都・伏見がある。京都での酒造りは江戸時代以前から行われていたが、江戸時代末期の戦乱により大きな被害を受け、酒造量を減らした。しかし、明治になると伏見を中心に酒造量を再び伸ばす。リーダーとなったのは、大倉恒吉商店（現在の月桂冠株式会社）で、酒造りに科学技術を導入したり、酒樽ではなく瓶詰にして酒を販売したりと、革新的な技術を日本酒造りに導入した。

また、福岡や広島も酒造量を伸ばしている。これらの県は、硬度が低い軟水のため、酒造りが難しかったが、研究を重ね、独自に軟水醸造法を開発した。特に、福岡の城島地区は、戦後、「九州の灘」とも呼ばれる銘酒造地となっている。

岡山も、明治に酒造量を伸ばした酒造地であったが、消費が地方限定的であった。総出荷量のほとんどが近畿地方で消費され、全国的な知名度は低かった。

酒造量ランキング

1936年（昭和11年）		1871年（明治4年）	
1位	兵庫県	1位	兵庫県
2位	福岡県	2位	大阪府
3位	京都府	3位	愛知県
4位	広島県	4位	長野県
5位	岡山県	5位	新潟県

Notes 冷酒③　燗をしていない常温の酒を元来ひやと呼び、冷やして飲む冷酒とは異なる。

技術革新する明治の酒造り

科学技術の導入で革新した醸造技術

明治時代初期は、欧米の技術や学問を取り入れるため「お雇い外国人」として、官庁や学校で欧米人が雇われた。醸造学においても、外国人醸造学者による教育が行われ、科学的な視点から日本酒造りを見直すことになった。

1904年（明治37年）、その知識を集約して東京・滝野川に醸造試験所が創設される。目的は、日本酒造りが抱えていた問題を専門家が研究することで、解決する道を探ることであった。

最大の問題は、酒の腐敗だ。室町時代には火入れ、江戸時代には寒造《かんづく》りや柱《はしら》焼酎《じょうちゅう》など、昔から酒の腐敗を防ぐ対応策は考案されてきたが、完全に腐敗を防いだわけではなく、大きな課題として残っていた。

1909年、醸造試験所から研究結果として、下の新技術が発表される。その技術は、科学的根拠に基づいたものであった。

旧大蔵省醸造試験所第一工場。／独立行政法人酒類総合研究所所蔵

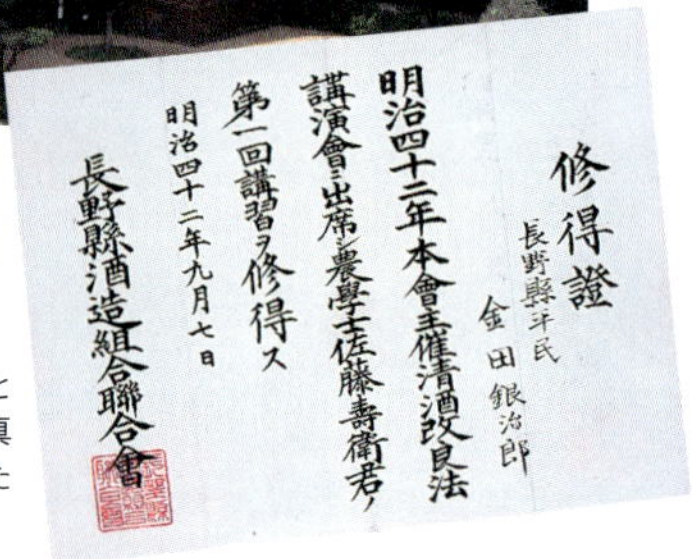

修得證

長野縣平民

金田銀治郎

明治四十二年本會主催清酒改良法講演會ニ出席シ農學士佐藤壽衛君ノ第一回講習ヲ修得ス

明治四十二年九月七日

長野縣酒造組合聯合會

醸造講習会を受けるともらえる修得証。写真は、長野県で開かれたもの。／国税庁所蔵

酸馴養連醸法

醪に、乳酸と酵母を添加する方法。乳酸の抗菌作用と、酵母の発酵力が醪に追加されることで、連続的に醪が精成され、安全度が高くなった。

速醸酛

米の吸水中に、乳酸などの酸類を添加する方法で、人工的に生酸作用を発生させることで、雑菌繁殖を防ぎながら、短時間のうちに酒《しゅ》母《ぼ》を仕上げることができた。

山廃酛

醪《もろみ》造りの最後の工程である「山卸《やまおろ》し」という、米のすり潰し作業を省略する方法。過酷労働であった山卸しを省き、乳酸菌などによる生酸作用で酒の腐敗を防いだ。

技術普及の努力と品評会の始まり

公表された技術の普及を目指し、各地で醸造法講習会が開かれた。

また、醸造試験所は、酒質の向上には酵母の質が影響するという考えから1906年(明治39年)より、優良な酵母の頒布《はんぷ》も始めている。江戸時代より評価の高かった灘の『桜正宗』が第一酵母、伏見の『月桂冠』が第二酵母とされ、その後は1907年(明治40年)より始まる全国清酒品評会で選ばれた酒の酵母を培養し、全国の酒蔵へ頒布した。

このような技術革新により、日本酒の品質はあがり、腐敗する酒の量も徐々に減っていった。

腐造量の変化

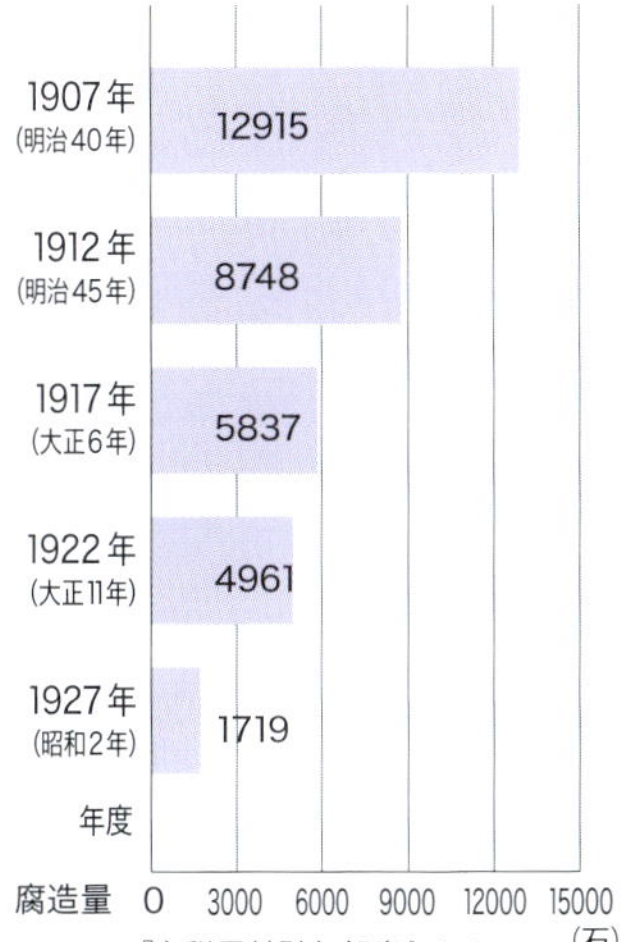

『主税局統計年報書』より

明治時代の瓶詰めの様子
／月桂冠株式会社

一升瓶に入った酒の誕生

醸造試験所が新技術を発表して間もない頃、もうひとつ腐敗問題の解決に大きく貢献する、一升瓶が誕生した。一升瓶は、酒樽と違い、密封でき、さらに消毒による抗菌が可能であったため、菌の繁殖を防ぐことができた。

しかし、江戸時代から続く酒問屋は、明治時代になっても酒樽取引を基本としたため、一升瓶の普及はなかなか進まなかった。

その勢力が入れ替わったのは1923年(大正12年)の関東大震災を境にする。建築資材が不足し、酒樽が製造できなくなったため、代用として、ガラス製の一升瓶の需要が一気に伸びた。

Notes 冷酒④　酒を冷やすときは、瓶や徳利ごと冷蔵庫に入れたり氷水につけたりする。

酒と税金の歴史

時代により変わる酒税の位置づけ

最初の酒税は鎌倉時代中期。「壺銭《つぼせん》」と呼ばれた。この税は、醸造に用いる壺の数に比例して税金が決められていた。

当初は、泥酔による殺傷事件などが多発していたため、治安の安定を目的とした税だったが、室町時代になると、幕府は、財政難から徐々に酒税の収入を目的としていく。

江戸幕府がもくろんだ酒運上の本当の理由

江戸時代になると、幕府は、さらに高額な税金を酒にかけた。1697年（元禄10年）に布達された「酒《さけ》運上《うんじょう》」は、造り酒屋に対して、酒価の5割を酒税とした、重いものであった。

酒運上の制定に当たり、幕府は、飲酒による民衆の乱暴なふるまいを減らすためと公表したが、実際は、財政補填が最大の理由であった。

しかし、酒運上で課された運上金は、そのまま酒の代金に上のせされたため、酒は高額になり、市場に出回る酒は激減した。さらに、賄賂による酒の取引や密造が横行してしまうこととな

国税における酒税の位置（明治～昭和初期）

年代（西暦）	国税の税収		直接税	間接税など
	第1位	第2位		
明治28年（1895）	38,693（千円）（地租）	17,749（千円）（酒造税）	58%	42%
明治33年（1900）	50,294（千円）（酒造税）	46,718（千円）（地租）	39%	61%
明治38年（1905）	80,473（千円）（地租）	59,099（千円）（酒造税）	40%	60%
明治43年（1910）	86,701（千円）（酒造税）	76,292（千円）（地租）	34%	66%
大正4年（1915）	84,649（千円）（酒造税）	73,602（千円）（地租）	34%	66%
大正9年（1920）	190,344（千円）（所得税）	163,896（千円）（酒造税）	41%	60%
大正14年（1925）	234,972（千円）（所得税）	212,639（千円）（酒造税）	35%	65%
昭和5年（1930）	218,855（千円）（酒造税）	200,616（千円）（所得税）	34%	66%
昭和10年（1935）	227,340（千円）（所得税）	209,328（千円）（酒造税）	35%	65%
昭和15年（1940）	1,488,679（千円）（所得税）	285,174（千円）（酒造税）	64%	36%

国税庁

※財政規模が拡大するなか、間接税を中心に増税され、酒造税（昭和 15 年より酒税）は国税の中心に。
昭和 15 年の税制改革で直接税中心の税体系となり、所得税が 1 位に。

り、酒運上の制定から、12年後の1709年（宝永6年）には廃止となる。以降、明治時代まで全国統一の酒税が課せられることはなかった。

酒蔵を淘汰した酒造税

近代最初の酒税は、1871年（明治4年）に制定された「清濁酒醤油醸造鑑《せいだくしゅしょうゆじょうぞうかん》札収与《さつしゅうよ》」で、酒運上以来の全国統一の制度であった。これは、醸造免許に対して、免許料と免許税を課すもので、この制度により、酒株制度は廃止となり、免許料などを支払えば、誰でも醸造が可能となり、新しい酒蔵が増えた。

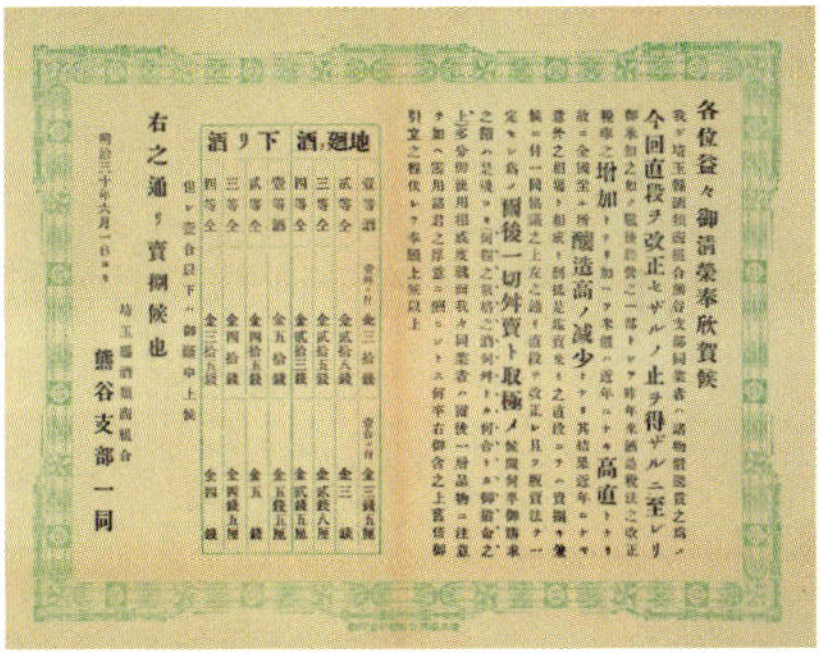

明治時代に出された酒税の増税の通知。
／早稲田大学図書館所蔵

その後、さらに1880年（明治13年）、造った酒の量に税金を課す「酒造税」が制定され、酒造家は、免許税と酒造税の両方を支払うことになった。

1896年（明治29年）に、「酒造税法」が制定され、それまで免許税と酒造税の二本立てであった酒税は、酒造税に一本化される。酒造税法は制定されてからは、数年ごとに増税が繰り返された。

小規模経営の酒蔵に、増税は大きな影響を与え、明治初期に増えた酒蔵は、この時代に、淘汰されることとなった。

明治時代を支えた酒税

日本酒に対しての度重なる増税は、1894年（明治27年）の日清戦争や1904年（明治37年）の日露戦争などで、富国強兵政策を取った政府が、軍事資金を確保するためであったとされる。

1899年（明治32年）、酒税は基幹税である、所得税、地租を抜き、税収入のトップに立つ。そのくらい、日本酒は多く消費され、政府にとって酒税は重要な収入源だった。

繰り返された増税により、酒自体の価格もあがっていたが、日本酒の消費は減らなかった。その理由のひとつは、軍関連の宴会が多く催されていたため、ともいわれている。

酒税が税収入のトップとなった1899年（明治32年）、政府は、さらなる酒税徴収を目指し、家庭での酒造りを禁止する。それに反発するように、密造酒が増えていく。密造酒は、工業用アルコールを使って造られることも多く、人体への健康被害をもたらすため、深刻な社会問題となっていった。

Notes 冷酒⑤　日本酒専用のクーラーや、氷ポケットのついたグラスなどが販売されている。

戦時中

戦争によって変わる日本酒の姿

金魚酒対策で生まれた品質表示表

昭和に入り、長引く不況に加え、日中戦争などもあり、物資不足は深刻なものだった。

この頃より、金魚も泳げそうなほど薄いことから名づけられた「金魚酒《きんぎょざけ》」が出回った。金魚酒は、物資不足の中、水増ししてもうけようとした酒蔵が造ったもので、水酒問題として世に広まった。

政府は金魚酒対策として1940年（昭和15年）に公定価格の制度を新たにもうけた。アルコール度数と、原エキス分の成分規格に基づき、酒を上等酒・中等酒・並等酒の3等級に分け、それぞれの販売価格を設定した。

しかし、それだけではアルコール度数のみの判別となってしまい、酒の味の評価ができなかった。そのため、酒造組合中央会は、合わせて「規格表示証」を瓶に添付し、「官能新差別」として香りのよし悪しなどの官能検査結果を表示するように酒蔵に指導した。これが、現在の品質表示表の始まりである。

増税と原料不足に苦しんだ日本酒

1940年（昭和15年）、新たに導入された制度に「庫出税」がある。それまで、酒税は造った酒の量に応じて決まる「造石税《ぞうこくぜい》」であったが、酒の出荷量に合わせて税をかける「庫出税」に変更された。

最終的に、水で原液を薄める日本酒業界にとって、この税金徴収方法の変更は、税額が大きく増え、廃業する蔵が増えた。

昭和初期の月桂冠の広告。一升瓶が主流となった。／月桂冠所蔵

1941年（昭和16年）、

太平洋戦争が始まると、米不足が深刻化し、開戦から翌年の1942年（昭和17年）、酒造米は配給制となった。原料不足の中、日本酒の酒造量も、この時期大きく減ることとなる。

アルコール添加の開発

太平洋戦争の戦況が進むと、酒も配給制となり、それと一緒に日本酒級別制度が1943年（昭和18年）より始まった。酒は、アルコール度数などから特級、1級、2級、3級、4級、5級と6段階にランクづけされ、ランクがあがるほど、税金の価格もあがった。

また、原料不足がさらに進むと、酒造米を節約して日本酒を多く造るために、醪にアルコールを添加し増量する方法が開発される。

この手法は、当初、満州で研究が進んだものであった。満州には、青年層が多く入植していたため、ひとり当たりの酒の消費量が本国に比べ、およそ2倍にもなった。そのため、酒の需要に迫られ、日本酒を増醸するために、アルコールを添加する方法が考案された。

日本酒不足の中、政府も1943年（昭和18年）には、酒税法の改正によりアルコール添加を公に認め、全国各地の酒造地で、アルコール添加された酒が造られることになる。しかし、この醸造方法はまだ発展途上であったため、当時は不安定な味になってしまうことも多かった。

1940年にだされた公定価格と官能検査の基準

アルコール成分

等級	アルコール度数	原エキス分
上等級	15度以上	30度以上
中等級	14度以上	28度以上
並等級	13度以上	25度以上

官能検査

等級	官能審査要件
上等級	香味色沢の優秀なるもの
中等級	香味色沢の標準的なもの
並等級	香味色沢の中につぐもの

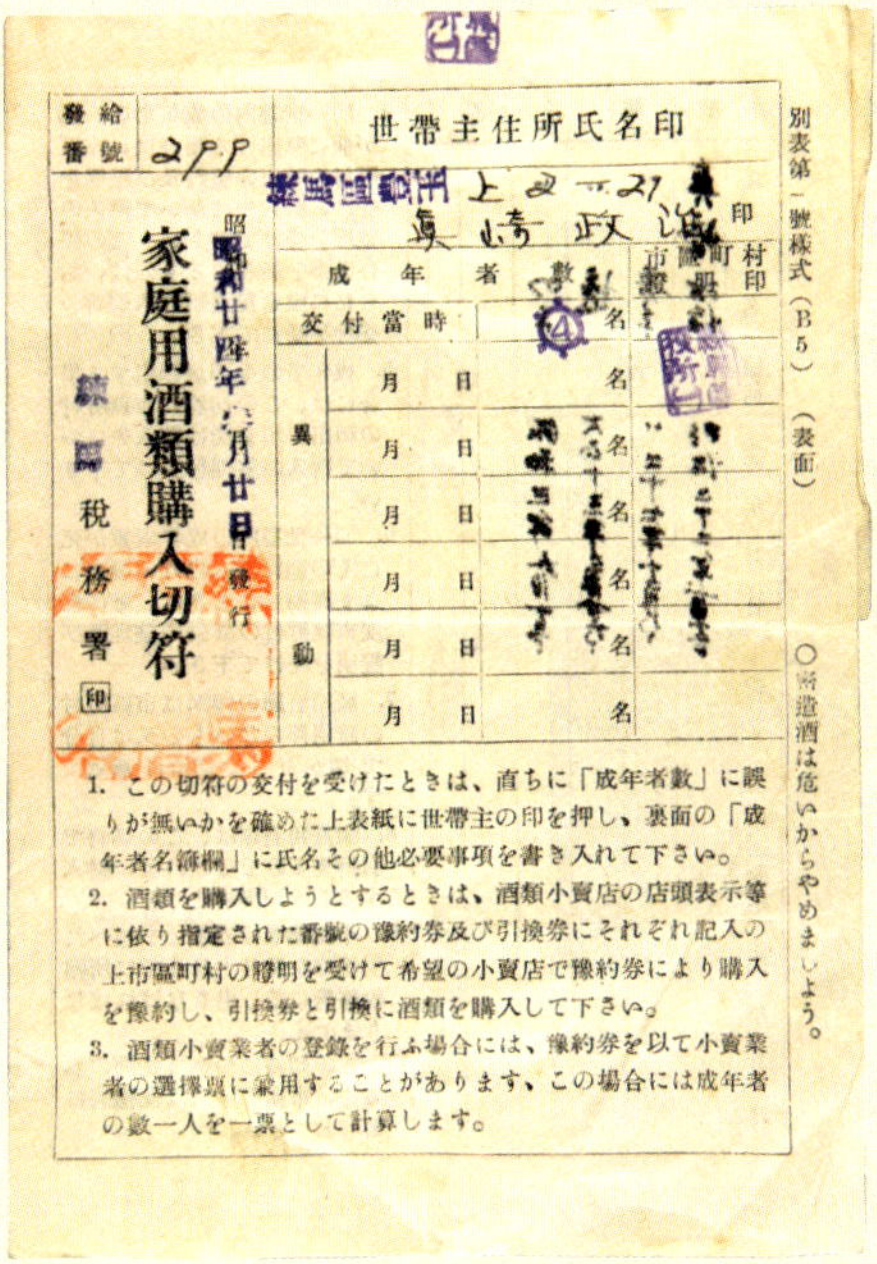

戦時中は、酒は配給制度となり、この購入切符がなければ手に入らなかった。／昭和館所蔵

Notes 冷酒⑥　冷やし過ぎると味や香りを感じにくくなる。5度程度が下限の目安である。

戦後
近代化する日本酒

物資不足の中 工夫された酒造り

１９４５年（昭和20年）の終戦後、物資不足が続く中、太平洋戦争末期より造られ始めていたアルコール添加の酒は、戦後、さらに進化を遂げる。

アルコールだけでなく、ブドウ糖やクエン酸などを含んだ、調味アルコールが加えられるようになり、より少ない日本酒で増量されるようになった。一升瓶分の酒から３本分の酒に増やすことができたため、この酒は「三倍増醸酒（三増《さんぞう》酒《しゅ》）」といわれた。

終戦から４年後の１９４９年（昭和24年）、酒の配給制は終わり、販売が自由化される。

しかし、酒米の配給制は継続され、その制度は１９６９年（昭和44年）まで続く。

高度経済成長になると、酒蔵の機械化が進んだ。大手酒造メーカーと中小規模の酒蔵との設備格差は大きくなり、中小規模の酒蔵は、配給された米の分を造っても自力で販売することができなくなる。

すると、中小の酒蔵は大手メーカーに自社の酒をタンクで売り、大手メーカーは仕入れたさまざまな原酒を混ぜて販売するようになった。この取引は、「桶《おけ》売り・桶《おけ》買い」といわれる。

「桶売り・桶買い」は、市場に出回らない売り買いであったため、税金の対象にならず、未納税取引として、当時問題となった。

1964 年（昭和 39 年）、カップ酒が誕生する。この手軽さから、日本酒の消費が増えた。／大関

カップ酒と同時期に紙パックの酒も販売された。／宝酒造

MEMO

三増酒の造り方

純米酒は水と米と麹のみで造るが、三増酒は、米由来の原酒３分の１に対し、３分の２もの調味アルコールを添加する。

味は？

添加する調味アルコールにより、甘めにも端麗な味にもなったという。

現代
地酒ブームの到来

個性的なタイプの人気酒 / 芳醇旨口の人気酒 / 淡麗辛口の人気酒

宝酒造
松竹梅白壁蔵
「澪」スパーリング（清酒）
シャンパン感覚で飲める、ほのかな甘味とほどよい酸味のスパークリング日本酒。

高木酒造
十四代
フルーティーな純米吟醸酒で濃厚な旨味が特徴的。高額で取引されることもある幻の一本。

白瀧酒造
上善如水
水のように澄んでいることから、この名がついた。すっきりとした飲み口。

石本酒造
越乃寒梅
明治40年から続く銘酒で、すっきりとした味わい。淡麗辛口の代名詞的存在である。

日本酒衰退の中、上質な二級酒が販売される

1955年（昭和30年）頃より、高度経済成長期に入ると、日本酒は、ビールなどに供給量を追い越されてしまう。

一方、戦時中に制定された、日本酒級別制度は継続されていた。しかし、そもそも級別制度はアルコール度数などが基準のため、酒の品質と比例していないことも多く、制度を疑問視する声も多かった。

そこで、複数の蔵は高品質の酒を、わざと監査を通さずに二級酒として販売するようになった。高品質な二級酒が増えると、級別制度は役割を果たされなくなり、1992年（平成4年）、廃止される。代わりにできたのが、酒の原料や造りで分類された「普通酒」と「特定名称酒」の区分だ。

また、2006年（平成18年）には副原料は50％までとなり、三増酒は法律で禁止され、姿を消す。

多様化する日本酒市場

1963年（昭和38年）、雑誌の記事をきっかけに「越《こし》乃寒梅《かんばい》」が注目を浴び、幻の酒として扱われた。「越乃寒梅」は、淡麗辛口な酒であったため、その後、各地の蔵でも「淡麗辛口」の酒が多く造られ、人気となる。バブル期には、高額な価格がつけられる酒も誕生した。

最近ではひとつのタイプが人気というより、日本酒本来の旨味のある酒、山廃や生酛造りのもの、精米部合が20％近いきれいな酒、濃醇旨口タイプ、発泡タイプなど味わいは多様化している。

Notes 冷酒⑦　涼冷え　15度前後。華やかな香りが立ち、薫酒に適する。

いろいろな酒器

酒を温めて飲むことが一般的に

日本酒を温めて熱燗で飲む飲み方は江戸時代以前よりあった。下の酒器は、野外でも熱燗を飲めるように作られたもので、真ん中に炭を入れる穴がある。左は「ちろり」といわれるもので、熱燗用に金属で作られた容器である。

ちろり

野熱燗

酒を花見に持っていくための提げ重

江戸時代、よく使われたのが、「提《さ》げ重《じゅう》」という重箱状に酒の器が入っているもので、花見や歌舞伎見物のときに弁当と一緒に持ち出された。酒を外で楽しむ際には欠かせない存在だった。

提げ重

提げ重

酒をより楽しむために作られた徳利

酒を楽しむため、時代によってさまざまな徳利《とっくり》が誕生する。左は、酒を注ぐと鶯の鳴き声と同じような音を出す徳利で、江戸時代に考案された。また、右は南蛮人が描かれたもので、ほかにも、風景が描かれたものなどさまざまな徳利があった。

鶯徳利

南蛮人が描かれた徳利

酒の運搬に使われた器

一升瓶が普及するまで、日本酒は量り売りが基本であった。そのため、酒屋から自宅に持ち帰るときには、一般的に酒屋の貸し物であった通《かよい》徳利が使われていた。下は、祝儀のときに酒を入れた角《つの》樽《だる》である。

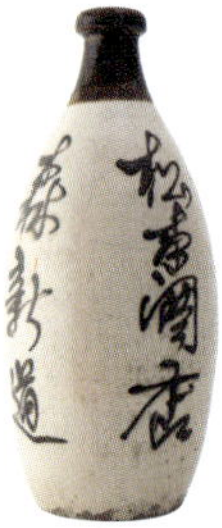

通徳利

角樽

東京農業大学「食と農」の博物館所蔵

日本酒をたどる年表

時代	日本酒の動き	主な出来事
縄文時代 弥生時代 古墳時代	・麹を使った酒造りが伝来する	・水田稲作が中国から伝わる ・卑弥呼が中国（魏）に使いを送る
飛鳥時代 奈良時代	・『万葉集』に家庭でも酒が飲まれていたことが詠われる	・法隆寺建立 ・大化の改新
平安時代	・『延喜式』が編纂。造酒司があったことが記録される	・藤原氏による摂関政治 ・保元の乱　・平治の乱 ・壇の浦の戦い
鎌倉時代 南北朝時代	・酒が売られるようになり、武士は酒宴も開いていた ・酒禁止令が出される	・源頼朝が鎌倉幕府を開く ・承久の乱 ・南北朝の対立が大きくなる
室町時代	・諸白が正暦寺で造られる（南都諸白の発祥）	・足利尊氏が征夷大将軍になり室町幕府を開く ・足利義満が3代将軍になる ・応仁の乱 ・桶狭間の戦い
戦国時代 安土・桃山時代	・『多聞院日記』に酒の火入れ殺菌が記載される	・長篠の戦い ・本能寺の変 ・朝鮮出兵 ・関ヶ原の戦い
江戸時代	・下り酒が盛んになる ・菱垣廻船が始まる ・酒株制度が始まる ・伊丹諸白で寒造りが始まる ・酒樽廻船が始まる ・灘の酒が流行する ・酒運上が布達される ・酒運上が廃止される	・徳川家康が江戸幕府を開く ・鎖国の完成 ・島原の乱 ・寛政の改革 ・大政奉還 ・江戸城開城、戊辰戦争
明治時代	・清濁酒醤油醸造鑑札収与が制定される ・酒造税が制定される ・酒造税法が制定される ・醸造試験所から新しい醸造法が公表される ・一升瓶での酒の販売が始まる	・都を東京に移す ・内閣設立 ・日清戦争 ・日露戦争
大正時代 昭和時代 平成時代	・金魚酒が表面化する ・酒の公定価格制度が成立する ・造石税から庫出税に変更される ・日本酒級別制度がもうけられる ・級別制度が改訂され、やがて廃止 ・淡麗辛口の酒がブームとなる ・三倍増醸酒が廃止になる	・第一次世界大戦 ・関東大震災 ・日中戦争 ・第二次世界大戦 ・太平洋戦争 ・東京オリンピックが開催される

Notes 冷酒⑧　花冷え　10度前後。香りは小さく、味わいはきめ細やかになる。

第五章

今、飲んでおきたい日本酒

日本酒を飲みたいけれど種類がありすぎてどれを選べばよいか迷ってしまう、そんな人必見！
日本酒事情にもっとも敏感な全国の酒販店に、今飲むべき銘柄を厳選してもらった。

データの見方

酒販店におすすめの銘柄を選んでもらった上で、3つの視点から分類をしてもらい、好みや用途に合わせて選べるようにした。

（ピンク）＝日本酒の香り
華やか・フルーティー・爽やか・ふくよか・穏やか・そのほか

（緑）＝おすすめの飲み方
冷酒・常温・熱燗

（青）＝レベル
初心者向け・中級者向け・上級者向け

蔵の所在県名と銘柄。

青森県

田酒《でんしゅ》
純米吟醸 生酒 白麹仕込み

フルーティー　冷　初

白麹で仕込むことで「酸味」と「甘味」が生まれ、柑橘系のような爽快感がでる。従来の田酒とは違った味わいが楽しめる。

DATA 米華吹雪55%　度14%　日－3.5　酸2.3　ア2.0　¥1,400（税抜）／720mℓ

酒屋推奨！ 白麹を使用することにより甘酸っぱく、それでいて後味もきれい。日本酒の可能性を広げる革新的な酒です。／春山酒店

西田酒造店
住所：青森県青森市大字油川字大浜46
TEL：017-788-0007

酒の特徴と、データ。

DATA
米＝使用米（精米歩合%）
度＝アルコール度数
日＝日本酒度
酸＝酸度
ア＝アミノ酸度
容量別価格（税抜）

おすすめしてくれた酒販店によるコメント。

酒蔵の住所と電話番号。

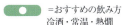

東北エリア

東北は、全国きっての米どころであり水どころ。
そんな恵まれた環境から、有名銘柄も多く見られる。
また、寒冷な気候からか、キレのある辛口の酒が多い。

青森県

田酒《でんしゅ》
純米吟醸　生酒　白麹仕込み

フルーティー　冷　初

白麹で仕込むことで「酸味」と「甘味」が生まれ、柑橘系のような爽快感がでる。従来の田酒とは違った味わいが楽しめる。

DATA 米 華吹雪55%　度 14%　日 −3.5　酸 2.3　ア 2.0　¥1,400（税抜）／720mℓ

酒屋推奨！ 白麹を使用することにより甘酸っぱく、それでいて後味もきれい。日本酒の可能性を広げる革新的な酒です。／春山酒店

西田酒造店
住所：青森県青森市大字油川字大浜46
TEL：017-788-0007

青森県

陸奥八仙《むつはっせん》
大吟醸

華やか　冷　初

山田錦と華吹雪をかけ合わせた「華想い」という米を使用。蔵内で約半年間貯蔵して熟成させるため、香りは穏やかで上品な味わいとなる。 DATA 米 華想い40%　度 16%　日 +2　酸 1.1　ア 0.7　¥6,500（税抜）／1800mℓ、¥3,300（税抜）／720mℓ

酒屋推奨！ 蔵は港が広がる街並みの川沿いにあります。若き杜氏が造る、青森を代表する酒。軽やかで軟らかく、親しみやすい酒質が特徴です。／まるひろ酒店

八戸酒造
住所：青森県八戸市大字湊町字本町9
TEL：0178-33-1171

岩手県

純米原酒
タクシードライバー

ふくよか　冷・燗　初・中・上

仕込みタンク間でのブレンドを行わないため、タンクによる味の違いが楽しめる。しっかりとした存在感だが派手過ぎず、食中酒にも向く。

DATA 米かけはし55%　度17.5%　日＋5　酸2.6　ア1.8　¥3,037（税抜）／1800mℓ、¥1,525（税抜）／720mℓ

酒屋推奨！

飲むほどに旨さがわかる酒。最初の一杯より次の日の一杯、さらに3日めの一杯とお酒の表情が変わる楽しみがあります。／鈴木酒販

喜久盛酒造
住所：岩手県北上市更木3-54
TEL：0197-66-2625

宮城県

伯楽星《はくらくせい》
純米吟醸

フルーティー　冷　初

吟醸香がやさしく香り、非常に飲みやすい食中酒。料理を邪魔しない味わいで、洋食などに合わせてもおいしい。

DATA 米蔵の華55%　度15.8%　日＋4　酸1.7　ア1.2　¥2,770（税抜）／1800mℓ、¥1,500（税抜）／720mℓ

酒屋推奨！

食事と合わせるのがおすすめ。極端な主張がないためわかりにくいと思われる方もいるが、知らないうちにどんどん杯が進んでしまう酒です。／庄兼

新澤醸造店
住所：宮城県大崎市
三本木北町63
TEL：0229-52-3002

宮城県

乾坤一《けんこんいち》
特別純米辛口

穏やか・ふくよか　冷・常　中

食用米を使って造られた酒。しっかりとした米の旨味が凝縮されつつ、すっきりとした喉越しが印象的。

DATA 米ササニシキ55%　度15%　日＋3　酸1.9　ア1.3　¥2,500（税抜）／1800mℓ、¥1,250（税抜）／720mℓ

酒屋推奨！

香り控えめ・適度な旨味・ほのかな辛さが、とても食中酒向き。冷やしても燗しても温度を選ばず、飲み飽きしないのも特徴です。／錦本店

大沼酒造店
住所：宮城県柴田郡
村田町字町56-1
TEL：0224-83-2025

Notes　酔っ払う①　酒に酔っ払うのはアルコールが脳や神経に影響を与えるから。

宮城県

日高見《ひたかみ》
超辛口　純米酒

爽やか　冷・常・燗　中・上

普通酒や本醸造酒の辛口とは異なり、米の旨味がしっかりとでているため、辛口ファン以外にもおすすめしたい酒。 DATA 米ひとめぼれ60%　度15%　日＋11　酸1.7　ア1.3　¥2,500（税抜）／1800mℓ、¥1,200（税抜）／720mℓ

酒屋推奨！

寿司や刺身と合わせて飲むための酒と言ってもよいくらい、生の魚介類との相性が抜群です。また、ただの辛口ではない旨味が感じられます。／春山酒店

平孝酒造
住所：宮城県石巻市
清水町1-5-3
TEL：0225-22-0161

宮城県

萩《はぎ》の鶴《つる》
特別純米

ふくよか　冷　初

落ち着いており、安定感や心地よさのある酒質。すぐに2杯めに行きたくなるようなライト感もある。 DATA 米美山錦（一部五百万石）60%　度15%　日＋3　酸1.6　ア1.0　¥2,500（税抜）／1800mℓ、¥1,300（税抜）／720mℓ

酒屋推奨！

たとえるならば、たまに着るよそ行きのドレスというより、いつも着られるカジュアルながらも上質なTシャツのような酒です。／阿部酒店

萩野酒造
住所：宮城県栗原市
金成有壁新町52
TEL：0228-44-2214

秋田県

純米吟醸
山本《やまもと》　ピュアブラック

フルーティー　冷　初

蔵元が造り全ての工程に携わった、渾身の酒。原酒のまま瓶内火入れをするため、フレッシュで爽快感のある味わいが印象的。 DATA 米酒こまち50%（麹）、酒こまち55%（掛）　度16%　日＋3　酸1.8　ア0.9　¥2,963（税抜）／1800mℓ、¥1,481（税抜）／720mℓ

酒屋推奨！

山本シリーズの定番をリニューアルした酒。国際線のファーストクラスにも採用された実力派で、安定した品質もまた魅力の一つ。／まるひろ酒店

山本合名会社
住所：秋田県山本郡
八峰町八森字八森269
TEL：0185-77-2311

秋田県

亜麻猫《あまねこ》
スパークリング

ふくよか　冷　初

無添加酒にするため、難易度の高い瓶内二次発酵の製法で完成させた白麹スパークリング。シュワシュワとした炭酸ガスが爽快感を演出。

DATA 米秋田酒こまち40%(麹米)、60%(掛米)　度14%　日-3　酸2.4　ア0.8　¥1,528(税抜)／720mℓ

酒屋推奨！

新政の白麹スパークリング。個性的でありながらも、旨味と酸のバランスが絶妙で心地よい、濃厚なスパークリングです。／かき沼

新政酒造
住所：秋田県秋田市
大町6-2-35
TEL：018-823-6407

山形県

純米吟醸
くどき上《じょう》手《ず》

華やか　冷　初

くどき上手シリーズを代表する酒。華やかな吟醸香と軟らかな口当たりで、日本酒初心者や女性にもおすすめ。

DATA 米山形県庄内産美山錦50%　度16%　日—　酸—　ア—　¥2913(税抜)／1800mℓ

酒屋推奨！

甘味のだし方がとても上品で、全体的にきれいな印象です。また、後口にも素晴らしい余韻が残ります。／かき沼

亀の井酒造
住所：山形県鶴岡市
羽黒町戸野字福ノ内1
TEL：0235-62-2307

秋田県

新政《あらまさ》
NO.6

華やか・フルーティー　冷　初

自身の蔵発祥の6号酵母を使用した、新世代の酒。6号酵母の特徴が全面にでた、クラシカルながら新しい味わい。

DATA 米秋田県産酒造好適米40%(麹)、50%(掛)　度15%　日±0　酸1.8　ア0.9　¥1,574(税抜)／720mℓ

酒屋推奨！

甘さと酸が絶妙なバランスを保っています。これまでの日本酒の概念を打ち崩す、革命児といえるでしょう。／知多繁

新政酒造
住所：秋田県秋田市
大町6-2-35
TEL：018-823-6407

Notes　酔っ払う②　体内に入ったアルコールはほぼ全て血管内に吸収される。

山形県

雅《が》山流《さんりゅう》 如月《きさらぎ》

華やか・さわやか　冷　初・中

山形の酒造好適米「出羽燦々」を山形酵母で醸した、まさに山形の酒。高精白で滑らかな味わいである。 DATA 米出羽燦々 50%　度14%　日ー　酸ー　アー　¥3,200（税抜）／1800㎖、¥1,600（税抜）／720㎖

酒屋推奨！

フルーティーで香味のバランスもよく、淡麗ながらもしっかりとした味わい。上質なさくらんぼのようなフレッシュ感が特徴です。／錦本店

新藤酒造店
住所：山形県米沢市
大字竹井1331
TEL：0238-28-3403

山形県

出《で》羽《わ》桜《ざくら》 桜花《おうか》吟醸

フルーティー　冷・常　中

吟醸香を失わないよう、瓶ごと火入れをする。グラスに注げば、心地よい華やかな香りが広がる。 DATA 米出羽燦々（麹）51%、山形県産米（掛）50%　度15%　日+5　酸1.2　アー　¥2,600（税抜）／1800㎖、¥1,300（税抜）／720㎖、¥520（税抜）／300㎖

酒屋推奨！

上品な飲み口と爽やかな後味が、きれいに広がる酒です。ワイングラスに入れて、ワイン感覚で楽しむとよいと思います。／サケハウス

出羽桜酒造
住所：山形県天童市
一日町1-4-6
TEL：023-653-5121

山形県

裏《うら》雅《が》山流《さんりゅう》 香華《こうか》

華やか　冷　初

雅山流のコンセプトはそのままに、自由な発想と遊び心を加えた「裏」シリーズ。吟醸仕込みで香り高く、淡麗ながら芯のある酒。 DATA 米出羽の里 65%　度14%　日ー　酸ー　アー　オープン価格／1800㎖

酒屋推奨！

特定名称酒でいえば、蔵としては本醸造になっていますが、どこの蔵の吟醸酒より吟醸酒らしい味わいが特徴。コストパフォーマンスが高いのもポイントです。／庄兼

新藤酒造店
住所：山形県米沢市
大字竹井1331
TEL：0238-28-3403

福島県

口万《ろまん》
純米吟醸　一回火入れ

華やか　冷　初

旨味とキレにこだわり、餅米四段仕込みを行う。甘味と爽やかな喉越しのバランスがよい。　DATA 米五百万石（麹米）60%、夢の香（掛米）60%、ヒメノモチ（四段米）60%　度16%　日ー　酸ー　アー　¥2,714（税抜）／1800mℓ、¥1,362（税抜）／720mℓ（各希望小売価格）

酒屋推奨！

四段仕込みの酒で、米のボリュームを十分に楽しめます。これから日本酒を知りたいという方にもおすすめです。／かがた屋酒店

花泉酒造
住所：福島県南会津郡
南会津町界字中田646-1
TEL：0241-73-2029

福島県

寫楽《しゃらく》
純米吟醸　播州山田錦

フルーティー　冷　初

兵庫県産三山田錦を50%まで磨いた吟醸酒。まろやかな口当たりの中にもコクがあり、飲みごたえは抜群。
DATA 米兵庫県産山田錦50%　度16%　日＋1～2　酸1.4～1.5　アー　¥3,700（税抜）／1800mℓ

酒屋推奨！

上品な香りの高さは感動的で、飲み飽きすることなく何杯でも飲めるおいしさがあります。日本酒を飲み慣れていない方にもおすすめ。／横浜君嶋屋

宮泉銘醸
住所：福島県会津若松市
東栄町8-7
TEL：0242-27-0031

福島県

寫楽《しゃらく》
純米酒

米の甘味　冷　初・中・上

火入れ処理後、急冷することで酒質の変化を防ぎ、品質を安定させている。そのため、フレッシュで絶妙な香りが広がる。　DATA 米会津湊産夢の香60%　度16%　日＋1～2　酸1.4～1.5　アー　¥2,400（税抜）／1800mℓ、¥1,200（税抜）／720mℓ

酒屋推奨！

香りと甘味、味のバランスがとてもよく、人気がでてきています。若き蔵元の造る新しい味を、ぜひ若い人にも飲んで頂きたいです。／籠屋　秋元商店

宮泉銘醸
住所：福島県会津若松市
東栄町8-7
TEL：0242-27-0031

Notes　酔っ払う③　血液に入ったアルコールは肝臓に運ばれ、そこで分解が始まる。

福島県

純米酒
奈良萬《ならまん》

ふくよか・穏やか　冷　初・中

地元の五百万石と飯豊山の伏流水で仕込んだ、福島の酒。軟らかな米の味わいが料理の邪魔をしないため、食中酒にも向く。 DATA 米五百万石55% 度15％ 日＋3 酸1.2 ア― ¥2,400（税抜）／1800mℓ、¥1,300（税抜）／720mℓ、¥450（税抜）／300mℓ

酒屋推奨！

旨味がある中にも、香り穏やかでフレッシュな味わいが口いっぱいに広がります。まるで、ジューシーな果実のようです。／小山商店

夢心酒造
住所：福島県喜多方市字北町2932
TEL：0241-22-1266

福島県

会津《あいづ》中将《ちゅうじょう》
純米酒

爽やか　冷・常・燗　初・中

もっとも寒い時期に製造される極寒造りで、米の旨味がぎゅっと詰まっている。コク深い中にもキレ味のよい酒。
DATA 米福島県産米60% 度15% 日＋2 酸1.4 ア― ¥2,300（税抜）／1800mℓ、¥1,250（税抜）／720mℓ

酒屋推奨！

コストパフォーマンスの高さが特徴。味わいのまとまりもよいので、飲み手を選ばないオールラウンダーなお酒です。／橘内酒店

鶴乃江酒造
住所：福島県会津若松市七日町２番４６号
TEL：0242-27-0139

福島県

飛露喜《ひろき》
特別純米　生詰

透明感　冷　初・中・上

吟醸酒並みに精米し、水分量や漬け込み時間を細かく計るなど、造りのしっかりとした酒。穏やかな香りの中に、しっかりとした旨味を感じる。
DATA 米山田錦50%、五百万石55% 度16.3％ 日＋3 酸1.6 ア1.3 ¥2,600（税抜）／1800mℓ

酒屋推奨！

入手困難なのは人気銘柄であるだけでなく、毎年品質向上しているから。味のよさ、気品、大人な魅力を感じてほしいです。／籠屋秋元商店

廣木酒造本店
住所：福島県河沼郡会津坂下町字市中二番甲3574
TEL：0242-83-2104

関東・首都圏エリア

蔵元の数は多くはないが、冷涼な気候に恵まれていたり水源に恵まれていたりする。また、酒造りにおいて、意外にも長い歴史を持つのが千葉県。関東の水質は主に軟水のため、ソフトできめの細かい酒が多い。

栃木県

大那《だいな》
特別純米　生酛造り

ふくよか　常　中

自社田で作る美山錦で醸した酒。きれいな旨味が、酒の味を主張し過ぎず全体のバランスがよいため、食中酒に向く。　DATA 米美山錦55%　度16.2%　日＋3　酸2.0　ア2.0　¥2,700（税抜）／1800㎖、¥1,400（税抜）／720㎖

酒屋推奨！ 料理の味わいを邪魔しないお酒を追及している蔵。生酛造りのしっかりとした味わいが、常に料理を引き立たせてくれます。／春山酒店

菊の里酒造
住所：栃木県那須郡湯津上村大字片府田302-2
TEL：0287-98-3477

栃木県

鳳凰美田《ほうおうびでん》
純米吟醸酒

華やか・フルーティー　冷・常　初・中

富山県南砺産の米を55%まで精米し、低温で時間をかけて発酵させた酒。フレッシュでフルーティーな香りと軽快な味わいが心地よい。DATA 米山田錦55%、五百万石55%　度16%　日＋1～2　酸1.6～1.7　ア0.9～1.0　¥2,800（税抜）／1800㎖、¥1,600（税抜）／720㎖

酒屋推奨！ 芳醇で豊かな味わいです。初めて日本酒を飲まれる方にも日本酒の素晴らしさを感じていただけると思います。／吉田屋

小林酒造
住所：栃木県小山市卒島743
TEL：0285-37-0005

Notes　酔っ払う④　肝臓に運ばれたアルコールの一部が脳に達し、酔っ払う。

千葉県

木《き》戸《ど》泉《いずみ》 白玉香《はくぎょくこう》
純米無ろ過生原酒

ふくよか　冷　上

山田錦をふんだんに使った高温山廃仕込みで、ふくよかな厚みをだす。それでいて原酒らしからぬ爽快感があり、個性的な酒。 DATA 米兵庫県産山田錦60% 度18% 日－ 酸－ ア－ 3,150（税抜）／1800㎖、¥1,575（税抜）／720㎖

酒屋推奨！

甘味と酸味のバランスが素晴らしい酒。旨味がしっかりと溶け込んでいるので、全体的に凝縮感が感じられます。／鈴木三河屋

木戸泉酒造
住所：千葉県いすみ市大原7635-1
TEL：0470-62-0013

埼玉県

神亀《しんかめ》
純米辛口

ふくよか　燗　中

2年以上の熟成を経てから出荷されるため、しっかりとした酒が楽しめる。エグ味のない、上品な味わいが印象的。 DATA 米酒造好適米60% 度15.5% 日＋6 酸1.7 ア－ ¥2,952（税抜）／1800㎖、¥1,476（税抜）／720㎖

酒屋推奨！

温度帯によって、さまざまな表情を見せてくれます。この酒で初めて、ぬる燗の酒のおいしさがわかるかもしれません。／春山酒店

神亀酒造
住所：埼玉県蓮田市馬込1978
TEL：048-768-0115

神奈川県

いづみ橋《ばし》
とんぼスパークリング

爽やか　冷・燗　初・中・上

火入れをしているため、常温で持ち運びできる。全4色のラベルは、蔵のシンボルマークがモチーフになっている。 DATA 米神奈川県産米80% 度15% 日－ 酸－ ア－ ¥570（税抜）／250㎖

酒屋推奨！

お燗にしてもおいしい！ 微発泡の純米にごり酒です。すっきりとした米の甘味と旨味が、絶妙なバランスで口中に広がります。／鈴木酒販

泉橋酒造
住所：神奈川県海老名市下今泉5-5-1
TEL：046-231-1338

北陸・甲信越エリア

自然の恵み豊かで酒造りに適した条件が揃い、昔から酒どころとして有名な地。地元の原料にこだわり、洗練された酒が多い。

新潟県

〆張鶴《しめはりつる》
純米吟醸 純

爽やか　冷・常・燗　初・中・上

県内でいち早く純米酒を醸した蔵。軟らかく、滑らかな舌ざわりからすっと消えていくような上品さを感じる。　DATA 米五百万石50% 度15% 日＋2 酸1.3 アー ¥3,000（税抜）／1800㎖、¥1,500（税抜）／720㎖

酒屋推奨！ 爽やかな風味で、淡麗旨口の酒。20年前からブレのない味わいで、老若男女問わず、次世代にも伝えていきたいお酒です。／吉田屋

宮尾酒造
住所：新潟県村上市上片町5-15
TEL：0254-52-5181

新潟県

鶴齢《かくれい》
純米 超辛口

爽やか　冷　初・中・上

9号酵母、地元の伏流水で仕込んだ、超辛口の原酒。米の旨味やコクはしっかりありつつ、キリッとしたキレを感じる。　DATA 米美山錦60% 度18% 日＋13 酸1.5 ア1.0 ¥2,800（税抜）／1800㎖、¥1,400（税抜）／720㎖

酒屋推奨！ 「まさに辛口！」なので、辛口ファンにはたまらない酒です。うちの店でも、だいたいの方は見事にはまっています。／丸河屋

青木酒造
住所：新潟県南魚沼市塩沢1214
TEL：025-782-0023

Notes 酔っ払う⑤　酔っ払ったときの症状に個人差はあるが、血中アルコール濃度である程度わかる。

新潟県

八海山《はっかいさん》
清酒

爽やか　冷　初

普通酒ながら、米を60%精米し低温発酵でじっくり丁寧に造る。軟らかな飲み口と淡麗な後味で、食中酒にも向く。

DATA 米五百万石他60%　度15.5%　日＋5　酸1.0　ア1.0　¥1,950（税抜）／1800mℓ、¥930（税抜）／720mℓ、¥390（税抜）／300mℓ、¥280（税抜）／180mℓ

酒屋推奨！

吟醸造りのレギュラー酒。酒質・コストパフォーマンスを考えると、入門酒として最適の一本です。／ふくや商店

八海醸造
住所：新潟県南魚沼市長森1051
TEL：025-775-3866

福井県

黒龍《こくりゅう》
いっちょらい

フルーティー　冷　初

黒龍・吟醸酒のベースとなる酒。開栓すると吟醸香が広がるが、大げさな主張はなく、食事ともよく合う。

DATA 米福井県産五百万石55％　度15%　日＋4　酸1.0　ア1.2　¥2,450（税抜）／1800mℓ、¥1,150（税抜）／720mℓ

酒屋推奨！

香り高いだけでなく、繊細で上品な味わいも楽しめます。吟醸酒の魁的存在といえるでしょう。／酒舗まさるや

黒龍酒造
住所：福井県吉田郡永平寺町松岡春日1-38
TEL：0776-61-6110
（お問い合わせ番号）

石川県

you yoshidagura
純米生原酒 手取川《てどりがわ》

フルーティー　冷　初

山廃仕込みだが、低アルコールでやさしい酒。ワイングラスで飲めば、繊細な香りや味わいがより楽しめる。

DATA 米石川門（麹）50%、（掛）65%　度13.5%　日ー　酸ー　アー　¥1,200（税抜）／720mℓ

酒屋推奨！

フレッシュな酸味と米のジューシーさが特徴。果実をかじったような、みずみずしいイメージがあります。／酒舗まさるや

吉田酒造店
住所：石川県白山市安吉町41
TEL：076-276-3311

福井県

花垣《はながき》
超辛純米

ふくよか　常　初・中・上

醪完全発酵の辛口酒。ただ日本酒度が高いだけでなく、飲み進めるうちに米の旨味がふんわりと広がり、杯が進む。
DATA 米 五百万石60％　度 15％　日 ＋12　酸 1.8　ア 1.5　¥2,400（税抜）／1800mℓ、¥1,200（税抜）／720mℓ

酒屋推奨！

名水百選に選ばれた大野市にある蔵の酒です。米の旨味がキュッと詰まった味わいが印象的なので、米の味がわかりやすいです。／春山酒店

南部酒造場
住所：福井県大野市元町6-10
TEL：0779-65-8900

福井県

早瀬浦《はやせうら》
純米酒

ふくよか　燗　中

発酵力の強い仕込み水で造った酒はドライな淡麗辛口になりやすいが、コクもありながらスパッとした飲み口で、早瀬浦ならではの味わいがある。
DATA 米 五百万石55％　度 15％　日 ＋8　酸 1.5　ア 1.4　¥2,600（税抜）／1800mℓ

酒屋推奨！

ぜひ、酒の熟成の奥深さを味わってほしい一本。しっかりとした米の旨味が、体に沁みわたる旨辛タイプです。／酒舗まさるや

三宅彦右衛門酒造
住所：福井県三方郡美浜町早瀬21-7
TEL：0770-32-0303

酒屋推奨！

上質なスパークリングが、非常に華やかです。高級シャンパーニュに匹敵する酒なので、祝いの席にもおすすめです。／知多繁

加藤吉平商店
住所：福井県鯖江市吉江町1-11
TEL：0778-51-1507

福井県

梵《ぼん》 プレミアムスパークリング
純米大吟醸（磨き二割）

華やか　冷　初・中・上

兵庫県産特Ａ地区の山田錦を100%使用。薄にごり生原酒を、シャンパン瓶で１ヶ月以上瓶内二次発酵させた、究極の酒。
DATA 米 兵庫県特Ａ地区産契約栽培　山田錦20％　度 16％　日 ―　酸 ―　ア ―　¥7,000（税抜）／750mℓ、¥3,500（税抜）／375mℓ

Notes　酔っ払う⑥　お猪口1杯　血中アルコール濃度0.02〜0.04％　緊張がほぐれ陽気になる。

長野県

鼎《かなえ》
純米吟醸

華やか　冷　初・中

東京農大出身の蔵人３人が仕込む酒。軟らかくフルーティーな香りと米の膨らみを感じる味わいが非常に爽やかな酒。　DATA 米金紋錦55％、美山錦55％（現在）　度16％　日－5　酸1.7　ア1.6　¥2,600（税抜）／1800㎖、¥1,380（税抜）／720㎖

酒屋推奨！

超軟水を使用しているので、飲んだ瞬間軟らかい口当たりと吟醸香が豊かに広がります。蔵人の情熱も伝わる酒です。／小山商店

信州銘醸
住所：長野県上田市
長瀬2999-1
TEL：0268-35-0046

長野県

澤《さわ》の花《はな》
ささら　超辛口吟醸

すっきり　冷・常　初・中・上

清涼感があり、きれいな旨味と辛口のキレがはっきりとわかりやすい。日本酒初心者でも身近に感じられる酒。DATA 米ひとごこち60％　度15％　日＋15前後　酸1.5　ア－　¥2,100（税抜）／1800㎖、¥1,150（税抜）／720㎖

酒屋推奨！

10キロごとの洗米から始まる、ストイックな造りをしている蔵。そんな徹底した造りから醸しだされる味わいには、上質さや気品を感じることができます。／籠屋秋元商店

伴野酒造
住所：長野県佐久市
野沢123
TEL：0267-62-0021

長野県

大信州《だいしんしゅう》
別囲い純米大吟醸

華やか　冷・常　初・中

30日以上の低温発酵をするなど、全ての仕込みに手間をかけて造られる。上品な吟醸香としっかりとした旨味のバランスが絶妙。　DATA 米長野県産金紋錦49％　度16％　日＋7　酸1.5　ア1.0　¥3,700（税抜）／1800㎖、¥1,900（税抜）／720㎖

酒屋推奨！

吟醸香がほどよくあり、スカッとした切れ味が抜群の辛口の酒です。どこか特別感のある、上品な酒質に仕上がっています。／小山商店

大信州酒造
住所：長野県松本市
島立2380
TEL：0263-47-0895

東海エリア

北アルプスの伏流水や、酒造りに適した寒暖差のある気候風土に恵まれる。また、三重県はさまざまな清酒酵母を開発している。どちらかといえば甘口系で、旨味のある酒が多い。

岐阜県

津島屋《つしまや》 純米吟醸 信州産美山錦 無濾過生原酒

華やか　冷　中

小仕込みの純米造りや氷温貯蔵など、造りにこだわる。香りから余韻まで計算されたバランスの酒。 DATA 米 美山錦55% 度 17% 日 ー 酸 ー ア ー ¥2,800（税抜）／1800㎖、¥1,400（税抜）／720㎖

酒屋推奨！ 今年39歳の社長と杜氏が造る、若々しくフレッシュな酒。味わい深く、ほどよいコクがありバランスがとてもよいです。／ふくはら酒店

御代桜醸造
住所：岐阜県美濃加茂市太田本町3-2-9
TEL：0574-25-3428

静岡県

杉錦《すぎにしき》 山廃純米 玉栄《たまさかえ》

ふくよか　冷・常・燗　中・上

日本酒度＋8だが、玉栄の酒は味が濃く、甘味も感じられる。山廃造りにより、一層のコクと酸味が加わり、複雑さを感じる辛口酒。 DATA 米 滋賀県産玉栄65% 度 15.5% 日 ＋8 酸 1.9 ア 1.4 ¥2,500（税抜）／1800㎖、¥1,300（税抜）／720㎖

酒屋推奨！ 40度くらいの燗で最高においしくなります。炊きたてのご飯のよう。おつまみもおいしくなるのでぜひ燗で飲んでみてください。／丸河屋

杉井酒造
住所：静岡県藤枝市小石川町4-6-4
TEL：054-641-0606

Notes 酔っ払う⑦ 1〜2合 血中アルコール濃度 〜0.1% 感情の起伏が激しくなる。

愛知県

義侠《ぎきょう》 純米原酒60% 特A山田錦

爽やか　常・燗　上

特A地区で作られた山田錦を、60%まで精米して仕込んだ酒。みずみずしい口当たりながら、しっかりとした酒質は存在感も抜群。 DATA 米兵庫県東条特A地区産山田錦60% 度16.8% 日+4 酸1.7 ア1.2 オープン価格／1800mℓ、720mℓ

酒屋推奨！

品のある旨味と奥深さ、米の格の違いが味わえます。特A地区産山田錦が低価格で楽しめるのも特徴のひとつです。／かき沼

山忠本家酒造
住所：愛知県愛西市日置町1813
TEL：0567-28-2247

愛知県

一念不動《いちねんふどう》 特別純米　夢山水《ゆめさんすい》

爽やか　冷・常・燗　初

飲み手や原料米の特性を生かした、オーダーメイドの酒造りをする『吟醸工房』の酒。米の持ち味をしっかりと引き出す、正統派タイプ。 DATA 米夢山水60% 度17% 日ー 酸ー アー ￥2,400（税抜）／1800mℓ、￥1,200（税抜）／720mℓ

酒屋推奨！

「空」で有名な関谷醸造が別蔵で醸している、限定流通の酒。原酒ですが重い感じはなく、食事とともに杯が進みます。／リカーショップオオタケ

関谷醸造
住所：愛知県北設楽郡設楽町田口字町浦22
TEL：0536-62-0505

愛知県

長珍《ちょうちん》 しんぶんし 純米60 八反錦 無ろ過生酒

ふくよか　冷　上

滓が沈澱したら、手作業で1本1本丁寧に瓶詰めする酒。芳醇で滑らかな味わいから、独特の上品さが感じられる。 DATA 米兵庫県産山田錦（麹）60%、広島県産八反錦（掛）60% 度17%~18% 日ー 酸2.1 ア- オープン価格／1800mℓ

酒屋推奨！

フルボディで、特に焼き鳥などに合わせるとおいしいです。上級者向けの、重くてジューシーなタイプの酒です。／横浜君嶋屋

長珍酒造
住所：愛知県津島市本町3-62
TEL：0567-26-3319

三重県

作《ざく》
雅乃智《みやびのとも》 純米吟醸

華やか　冷　初

香り高い純米吟醸酒と味わい深い純米吟醸酒の2つを造り、これをブレンドすることでエレガントな酒質を実現。また、火入れにより品質を安定させる。 DATA 米国産米50% 度15% 日＋0 酸1.4 ア1.2 ¥3,200（税抜）／1800mℓ、¥1,600（税抜）／720mℓ

酒屋推奨！

華やかさあふれる香りに、気品を感じる優しい甘味がよく調和しています。コストパフォーマンスのよさも人気の秘訣。／伊勢五本店

清水清三郎商店
住所：三重県鈴鹿市
若松東3-9-33
TEL：059-385-0011

愛知県

ほしいずみ
純米酒

爽やか　冷・常・燗　初

名古屋国税局酒類鑑評会で6年連続金賞受賞。心地よい吟醸香と軟らかな味わいのバランスがよく、米の旨味をしっかり感じる。 DATA 米若水60% 度15～16% 日＋1 酸1.4 ア1.3 ¥2,200（税抜）／1800mℓ、¥1,100（税抜）／720mℓ、¥460（税抜）／300mℓ

酒屋推奨！

お燗にして飲んで頂くのがおすすめですが、冷たくしてもぬる燗でも楽しめます。飲み続けるほどにおいしくなる酒です。／リカーショップオオタケ

丸一酒造
住所：愛知県知多郡
阿久比町植大西廻間11
TEL：0569-48-0003

酒屋推奨！

旨味とキレが特徴の酒を造る、人気の蔵です。特にこの商品は、丸みのあるキレが素晴らしい仕上がりになっています。／かき沼

木屋正酒造
住所：三重県名張市
本町314-1
TEL：0595-63-0061

三重県

而今《じこん》
純米吟醸 山田錦

ふくよか　冷　中

火入れ酒らしく落ち着いた印象だが、而今シリーズらしい柑橘系の香りが立つ。米の甘味と旨味を基本に、渋味も感じられる複雑な味わい。 DATA 米伊賀山田錦50% 度16 日＋1 酸1.7 ア1.2 ¥3,400（税抜）／1800mℓ、¥1,700（税抜）／720mℓ

 Notes　酔っ払う⑧　3～5合　血中アルコール濃度　～0.15%　泣き上戸や笑い上戸になる人も。

関西エリア

「清酒発祥の地」として知られる関西地方には、歴史ある銘醸地がたくさんある。原料である米や水は清らかなものが多いため、関西の酒はきれいな味わいのものが多い。

滋賀県

七本鎗《しちほんやり》
純米　14号酵母

ふくよか　常　中

熟成により、米の旨味がまろやかな深みとなっている酒。香り控えめなため、どんな料理にも合わせやすい。　DATA 米滋賀県産玉栄60％　度15％　日＋4　酸1.9　ア－　¥2,400（税抜）／1800mℓ、¥1,200（税抜）／720mℓ

酒屋推奨！　杯を重ねるたびに、どんどん旨さを感じる酒です。常温か燗にして飲むと抜群においしいのでおすすめです。／酒舗まさるや

冨田酒造
住所：滋賀県長浜市木之本町木之本1107
TEL：0749-82-2013

京都府

澤屋《さわや》まつもと
「KOCON」

華やか　冷　初

飲みやすい低アルコール酒というだけでなく、特別な仕込みで米の旨味をしっかり感じられる、味のある酒。　DATA 米山田錦　度13％　日－　酸－　ア－　¥1,800（税抜）／720mℓ

酒屋推奨！　低アルコールでフルーティーな味わいです。心地よい酸味が飲みやすいので、初心者の方もおいしく頂けます。／横浜君嶋屋

松本酒造
住所：京都府京都市伏見区横大路三栖大黒町7
TEL：075-611-1238

兵庫県

竹泉《ちくせん》
純米山田錦木桶仕込 原酒

ふくよか　燗　上

昔からある手法の、木桶仕込みならではの木の香りや風味が広がる。木桶のやさしい味わいが印象的。 DATA 米兵庫県産山田錦70% 度17% 日＋6 酸2.0 ア1.7 ¥3,200（税抜）／1800mℓ

酒屋推奨！

熟成を経た独特の木桶のフレーバーが個性的です。そのため、燗にして中華料理に合わせても。クセになる味わいです。／酒商山田

田治米合名会社
住所：兵庫県朝来市山東町矢名瀬町545
TEL：079-676-2033

奈良県

花巴《はなともえ》 酵母無添加
水もと純米酒

穏やか　冷　上

奈良県独自の「水もと造り」という、乳酸菌を水に繁殖させる製法を取る酒。ほんのりと乳酸が香る系の甘酸っぱさと軟らかな口当たりが特徴。 DATA 米奈良県産吟のさと70% 度16% 日−12 酸4.0 ア− ¥2,800（税抜）／1800mℓ、¥1,400（税抜）／720mℓ

酒屋推奨！

酵母無添加シリーズであり、ほかの酒にはない甘酸っぱさがあります。イメージとしては、オトナの飲むヨーグルトでしょうか。／かがた屋酒店

美吉野醸造
住所：奈良県吉野郡吉野町六田1238-1
TEL：0746-32-3639

奈良県

百楽門《ひゃくらくもん》
純米吟醸

華やか　冷　初

フルーティーな吟醸香とさっぱりとした飲み口で、爽快感がある。使用米である雄町独特の旨味が沁みわたる酒。 DATA 米岡山県産雄町60% 度15～16% 日＋3 酸1.4 ア1.0 ¥2,800（税抜）／1800mℓ、¥1,400／720mℓ

酒屋推奨！

上品で華やかな香りとフレッシュでフルーティーな味わいで、旨味をたっぷり感じる酒。冷酒で飲むのがおすすめです。／春山酒店

葛城酒造
住所：奈良県御所市名柄347-2
TEL：0745-66-1141

 Notes 酔っ払う⑨　5～8合　血中アルコール濃度　～0.3%　足元がおぼつかなくなりふらふらに。

中国エリア

広島の酒は、「灘の男酒」に対して、「広島の女酒」と呼ばれる。山陰に位置する酒蔵の酒質は辛口のものが多いが、どちらかといえば甘口系で、軟らかな口当たりが特徴だ。

鳥取県

梅津《うめつ》の生酛
生酛純米 60% 原酒

どっしり・コク深い　燗　上

酵母無添加の生酛造りで、米のジューシーな甘味とコクのある酸味のバランスが絶妙な深い味わい。アルコール度数が高いのも特徴。

DATA 米鳥取県産山田錦60%　度19～21%　日＋10～20　酸2.0～3.5　ア2～3　¥3,400（税抜）／1800㎖、¥1,700（税抜）／720㎖

酒屋推奨！ 噛みしめたくなるような、深い旨味のある酒。少し水を加えてから、お燗にして飲むのもおすすめです。／酒屋源八

梅津酒造
住所：鳥取県東伯郡北栄町大谷1350
TEL：0858-37-2008

島根県

開春《かいしゅん》
生もと山口《やまぐち》

ふくよか　燗　上

酵母無添加の生酛仕込みのため、酸味が強く骨格のしっかりとした酒。飲んだ瞬間、米の旨味がじわじわと広がっていく。

DATA 米山田錦65%　度17～18%　日＋6　酸2.0　ア1.3　¥2,593（税抜）／1800㎖、¥1,389（税抜）／720㎖

酒屋推奨！ 鍋に合う酒。つまりだしや味噌との相性がよく、気がつくと杯が進んでいるような、豊かな味わいです。食中酒に向きます。／酒商山田

若林酒造
住所：島根県大田市温泉津町小浜ロ７３
TEL：0855-65-2007

岡山県

大典白菊《たいてんしらぎく》
生酛純米 雄町70

ふくよか　冷・燗　中・上

伝統の生酛造りで、自然の乳酸菌や蔵つき酵母の力で、旨味や酸味のしっかりとした存在感のある酒。チーズや肉料理とも相性抜群。 DATA 米雄町70％ 度16.0～16.9％ 日＋4～5 酸2.0 ア1.7 ¥2,600（税抜）／1800㎖、¥1,300（税抜）／720㎖

酒屋推奨！

長期熟成によるまろやかさや丸み、角の取れた酸、熟成された香味が織り成す、奥行きのある力強い味わいが特徴です。飛び切り燗（55℃）で旨し。／鈴木酒販

白菊酒造
住所：岡山県高梁市成羽町下日名163-1
TEL：0866-42-3132

広島県

富久長《ふくちょう》 スパークリング
純米酒 HAKUBI ハクビ

ジューシー　冷　初・中・上

20年以上前からスパークリングに挑戦する富久長の白美。今年から瓶内発酵後、火入れなどで酒質を安定させ、「HAKUBI」として生まれ変わった。
DATA 米広島県産米60％ 度15％ 日＋3 酸1.5 ア0.9 ¥1,050（税抜）／500㎖、¥600（税抜）／300㎖

酒屋推奨！

昔ながらの本生の商品と比べると滑らかで口当たりがスムーズ。酵母の働きを止めているため、品質劣化の心配もなくおいしく頂ける逸品です。／籠屋秋元商店

今田酒造本店
住所：広島県東広島市安芸津町三津3734
TEL：0846-45-0003

広島県

旭鳳《きょくほう》
純《じゅん》にして醇《じゅん》

華やか　冷　初

味わい豊かで、ジューシーな飲み口が印象的。裏ラベルには「杜氏の気合122％」との記載があり、この酒に対する情熱がうかがえる。 DATA 米広島県産八反錦65％ 度16.8％ 日＋5 酸1.5 ア1.6 ¥2,130（税抜）／1.8ℓ、¥1,065（税抜）／720㎖ ¥371（税抜）／300㎖（税抜）

酒屋推奨！

日本酒を飲みつけない人にとっても非常にわかりやすく香り華やかでおいしい酒。手頃な価格も魅力のひとつです。／酒商山田

旭鳳酒造株式会社
住所：広島県広島市安佐北区可部3-8-16
TEL：082-812-3344

酔っ払う⑩　1升～　血中アルコール濃度　0.4％～　いわゆる急性アルコール中毒の状態。

広島県

小笹屋竹鶴《おざさやたけつる》
生酛　純米原酒

熟成香　燗　上

酵母は無添加の、蔵付酵母のみで発酵させている。1年6ヶ月間熟成されることで、しっかりとした味わいが楽しめる。酸味と米の旨味がぎゅっと凝縮された酒。

DATA 米雄町70%　度20.3%　日＋15　酸3.1　ア2.9　¥5,000（税抜）／1800㎖、¥2,500（税抜）／720㎖

酒屋推奨！

黄金色の酒色で、熟成によるまろやかかさと米の濃醇な旨味が楽しめる辛口酒。一度飲んだら超病みつきになったなんてことも……！／春山酒店

竹鶴酒造
住所：広島県竹原市本町3-10-29
TEL：0846-22-2021

山口県

貴《たか》
特別純米

爽やか　冷・常・燗　初

有名である「貴」シリーズの中でも定番の酒である。爽やかでみずみずしい味わいとさっぱりキレのある飲み口は、どんな料理にも合う。　DATA 米山田錦60%、八反錦60%　度15%　日－　酸－　ア－　¥2,500（税抜）／1800㎖、¥1,250（税抜）／720㎖

酒屋推奨！

米の旨味が心地よく、透明感の中にバランスのよい味わいがあります。後味の余韻も素晴らしく、料理を引きたてる名脇役です。／鈴木三河屋

永山本家酒造場
住所：山口県宇部市大字車地138
TEL：0836-62-0088

広島県

蓬莱鶴《ほうらいつる》
純米吟醸無ろ過生原酒

華やか・フルーティー　冷　初

杜氏が全工程を手がけ、丁寧な酒造りをする。また、ろ過処理をしない生酒で、きれいで自然な味わいを引き出す。

DATA 米こいおまち60%　度17%　日＋3　酸1.4　ア－　¥2,913（税抜）／1800㎖、¥1,456（税抜）／720㎖

酒屋推奨！

せとうち21号酵母の個性を発揮した華やかな香り、キレを生み出す酸の出し方が秀逸。飲み飽きせず、雑味のない上品な味わいです。／酒商山田

原本店
住所：広島県広島市中区白島九軒町9-19
TEL：082-221-1641

四国エリア

高知＝土佐人の酒好きが有名なように、四国では酒好きが多いからこそ旨い酒を造るともいわれている。温暖地だからこその技術や工夫を取り入れており、飲み飽きしない酒が多い。

愛媛県

石鎚《いちづち》 純米吟醸 緑《みどり》ラベル

爽やか　冷　上

愛媛県にしてはキレのある辛口タイプ。食中酒として楽しむことを前提に造られているため、穏やかな味わい。 DATA 米山田錦、松山三井50%（麹米）、60%（掛米） 度16~17% 日＋5 酸1.6 ア1.2 ¥2,700（税抜）／1800mℓ、¥1,350（税抜）／720mℓ

酒屋推奨！ 「食中に生きる酒造り」をコンセプトにする蔵。緑ラベルは穏やかな吟醸香とハリのある酸味で、食中酒に向いています。／ふくはら酒店

石鎚酒造
住所：愛媛県西条市氷見丙402-3
TEL：0897-57-8000

高知県

久礼《くれ》 純米あらばしり

爽やか　冷　上

鰹の一本釣りの町である久礼で醸す酒。鰹に合うため地酒として愛される。酒肴を包み込みながらも主張し過ぎない絶妙なバランス。 DATA 米松山三井60% 度18% 日＋5 酸1.8 ア1.5 ¥2,400（税抜）／1800mℓ、¥1,200（税抜）／720mℓ

酒屋推奨！ 赤身の魚、さらには猪などのジビエまでその相性は幅広くあります。きめ細やかなガス感も舌先に心地よい仕上がりです。／酒商山田

西岡酒造店
住所：高知県高岡郡中土佐町久礼6154番地
TEL：0889-52-2018

Notes 酔っ払う⑪　酒の合間に水を飲む「和らぎ水」には、酔いの速度を緩やかにする効果がある。

九州エリア

料理の味つけがしっかりとしているためか、酒質もしっかりとしたものが多い。九州でもっとも酒造りが盛んなのは福岡。

福岡県

蜻蛉《とんぼ》
特別純米酒

爽やか　冷　初

添加物を一切使用せず、時間をかけて丁寧に造る。香りは穏やかで、口の中ですっと溶けていくようなきれいな酒。　DATA 米夢一献60％　度14％　日＋5　酸1.7　ア1.0　¥2,300（税抜）／1.8ℓ、¥1,200（税抜）／720mℓ

酒屋推奨！　低アルコールなので、料理の味わいを邪魔することなく引き立たせてくれます。食中酒としておすすめの一本です。／横浜君嶋屋

若波酒造
住所：福岡県大川市鐘ヶ江752
TEL：0944-88-1225

佐賀県

七田《しちだ》
純米　七割五分磨き

ふくよか　常・燗　中

全量山田錦を75％で精米しているが、原料と技術により雑味は全くない。口にすると、やさしい甘味と品格のある酸がゆっくりと広がっていく。　DATA 米佐賀県産山田錦75％　度17％　日＋4.9　酸1.8　ア1.5　¥2,400（税抜）／1800mℓ、¥1,150（税抜）／720mℓ

酒屋推奨！　75％と低精白でも、良質の米なら十分おいしいということを教えてくれます。米の甘味を感じる良酒です。／知多繁

天山酒造
住所：佐賀県小城市小城町岩蔵1520
TEL：0952-73-3141

日本酒の資格

日本酒のうんちく力を試したいなら
ぜひ資格を取ろう

日本酒にもワインにおけるソムリエのような資格がいくつかある。ここでは、その資格を紹介しよう。まず、唎酒師はまさに日本酒におけるソムリエのようなもの。日本酒の知識はもちろん、香りと味わいをきちんと把握するためのテイスティング力を求められる。取得するには通信コースと受講（会場で受ける、2日間集中、通学、在宅などさまざまな形がある）してから試験を受けるコースがある。受験資格は20歳以上となっている。

　ほかにも、日本酒検定などがあり、ランクも1級から10級まであり、知識に合った検定を受けられる。6級まではネットでの受験が可能だ。

　そのほか、日本酒・焼酎のテイスティングの専門家として認定されているのが酒匠という資格もあり、唎酒師の上位資格に位置付けられる。

唎き酒酒師のカリキュラム

- **日本酒の原料**
  日本文化の基本「米」、「水」について
- **日本酒の製造方法**
  精米・麹・酒母・もろみ・搾りから瓶詰めまで
- **日本酒のラベル表示**
  特定名称酒から日本酒独自の表記法まで
- **日本酒の歴史**
  2000年に及ぶ日本酒の歴史の深さ
- **日本酒のテイスティング**
  タイプ分類、提供方法を中心としたテイスティング法
- **日本酒のサービス**
  たった1杯の日本酒を注ぐにも心を込める
- **日本酒のセールスプロモーション**
  ケーススタディに学ぶプロモーション例

問い合わせ　日本酒サービス研究会・酒匠研究連合会（SSI）　03（5615）8205

第六章

日本の蔵

古くから、日本の伝統文化として受け継がれてきた日本酒造り。現在、全国には１５００以上もの蔵がある。その中でも、日本酒事情について一番敏感な日本全国の酒屋が選んだ、今注目の日本酒蔵を取材した。日本酒の造り方から杜氏の考え方まで、蔵それぞれの異なる特徴と、蔵元が自信を持ってすすめる日本酒を見ていこう。

東北

関東

東海・北陸・甲信越

愛知県　萬乗醸造 …………P168
新潟県　青木酒造 …………P194
新潟県　八海醸造 …………P166
新潟県　宮尾酒造 …………P195
石川県　松浦酒造 …………P196
岐阜県　大塚酒造 …………P197
静岡県　青島酒造 …………P198
静岡県　土井酒造 …………P199
長野県　大信州酒造 ………P164
山梨県　山梨銘醸 …………P162
三重県　木屋正酒造 ………P170

中国

広島県　金光酒造 …………P174
鳥取県　山根酒造 …………P176
島根県　富士酒造 …………P178
山口県　旭酒造 ……………P180
山口県　澄川酒造場 ………P182

四国

愛媛県　成龍酒造 …………P184

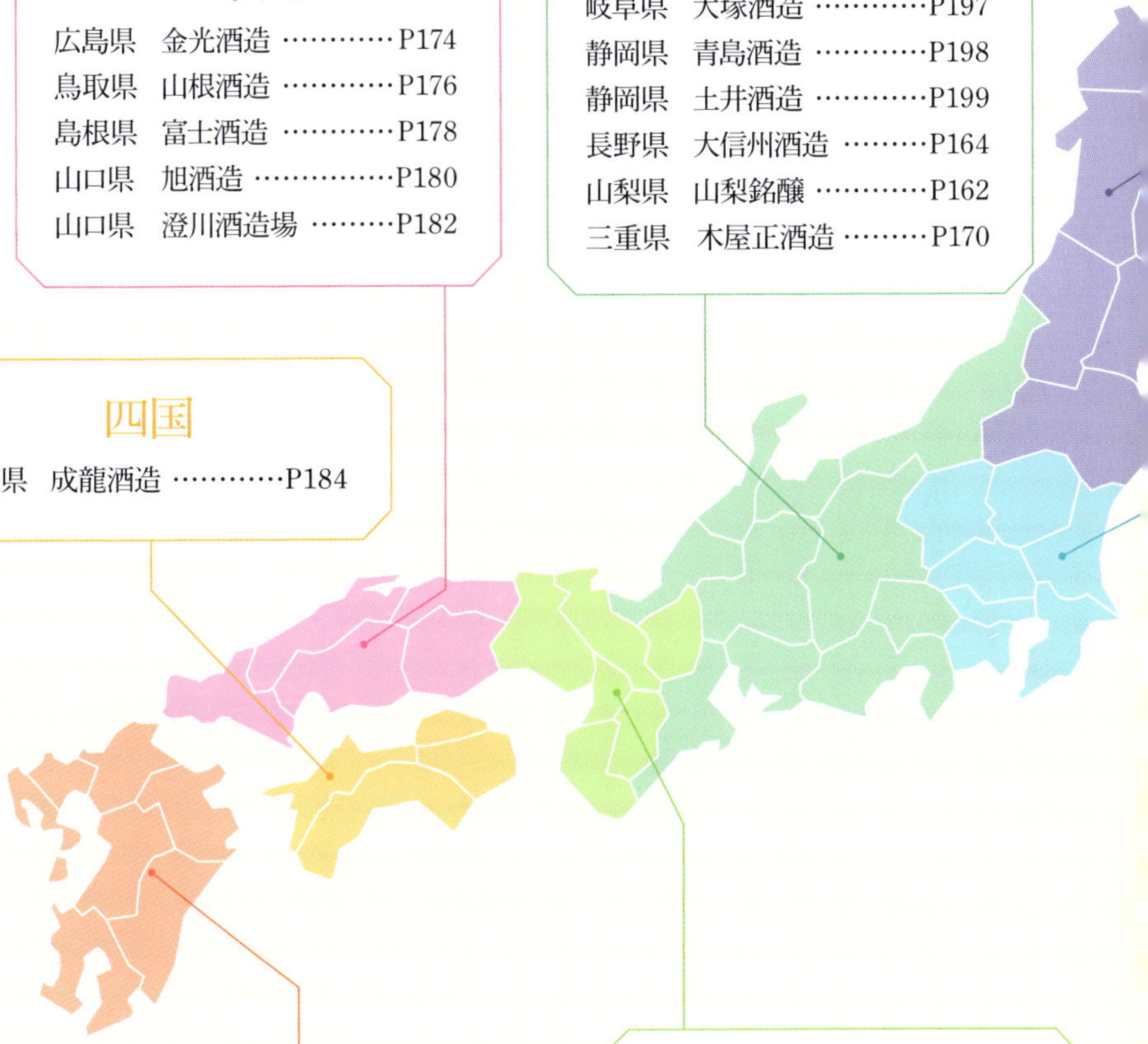

九州

佐賀県　東鶴酒造 …………P203
長崎県　重家酒造 横山蔵 …P204
熊本県　亀萬酒造 …………P205

関西

京都府　松本酒造 …………P200
奈良県　今西酒造 …………P172
兵庫県　田治米合名会社 …P201
和歌山県　名手酒造店 ……P202

釜場から蒸し上がる米の様子。

県内初の全量純米酒蔵として、先陣を切り、岩手の酒を引っ張る

岩手県

喜久盛酒造

きくざかりしゅぞう

普通酒メインの蔵から全量純米蔵に

去年から岩手県初の全量純米蔵となった喜久盛酒造。

「純米酒をメインに造りたかったのですが、岩手市場は低価格な普通酒がメインでした。しばらくは普通酒を中心に造っていましたが、『タクシードライバー』のヒットを機に、26年度から岩手初の全量純米蔵となりました」

と、5代目蔵元である藤村卓也さん。

「タクシードライバーを発売して今年で10年になりますが、ラベルが個性的だからか、最初の数年はあまり売れませんでした。でも、ここ数年若い蔵元が新しい商品を造り、思い思いのラベルが登場したことで、受け入れられる土壌ができてきました。酒質には自信があり、『かけはし』という米を使った生酒で、搾りたてを瓶詰めし、濃厚な味わいを表現しています。東日本大

酒屋の声

久保本家酒造や泉橋酒造で醸造の経験を積み、26BYより喜久盛酒造での杜氏を務める、盛川泰敬さん。今後の造りに期待が高まります。／鈴木酒販

酒蔵DATA
住所：岩手県北上市更木3-54
TEL：0197-66-2625

おすすめの一本

シャムロック
純米生原酒

米 ひとめぼれ55%
度 17.3%
日 +4
¥3,000(税抜)/1800mℓ

深みのある男酒

26年度タンクのもので、杜氏がイチから設計した酒。飯米であるひとめぼれを使い、酸度も高く、深みとキレがあるため、ずっと飲み続けられる。

1894年、岩手県の内陸部である北上市に設立。

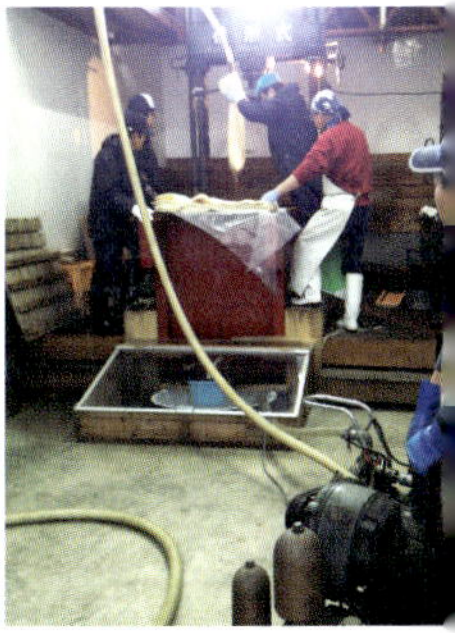

酒と酒粕を搾って分ける『上槽』の様子。

二台の洗米機を使い10kgずつ小分けした米を洗う。

震災をきっかけに東京の酒屋さんに置かれると、一気に広まりましたね。25年度頃から、単体での売上げが普通酒より上回ったため、全量純米酒蔵に転換しました」

震災によって変わった状況もまた個性

大きな飛躍を遂げたが、仕込みに関しては、少人数のスタッフがほぼ手作業で行う。

「東日本大震災の影響で機械が故障して使えなくなったので、近代的な設備のない、古い蔵に移転したんです。そこには本当に手作業でしか使えないような古い道具しかなかったのですが、出荷量を考えても手頃なサイズだったので、手は加えませんでした。作業は大変ですが、昔ながらの製法は蔵の個性ともなるので、結果オーライですね」

古い設備を使う一方で、酒質の安定した搾りたての酒を量産するため、一年中空調を効かせて温度を一定にする、四季醸造蔵を新築する計画をしている。

Notes 冷酒⑨　雪冷え　5度前後。香りはほとんど感じられない。爽快な飲み心地の酒になる。

宮城県

新澤醸造店

にいざわじょうぞうてん

日本酒の力を信じ、新しい日本酒のあり方を確立したい

水源を維持するため、周囲の山も購入した。

常にフレッシュな状態で飲んでほしい

食事を引きたたせるためだけに醸す気持ちで「究極の食中酒」を目指すと、代表兼杜氏の新澤巖夫さん。

「たとえば、居酒屋さんにある烏龍茶はおいしくもまずくもないけど、ソフトドリンクの中では一番でますよね。うちの酒も、酒の中で烏龍茶のような存在になりたいと思いました。まさに食前酒と食後酒の間で『食中酒』。今では一般的な言葉になりましたが、ここ15年の間に作られた造語なんです」

近年、食中酒を目指す蔵は多くなっているが、その中で同酒造は、フレッシュな酒質を目指す。

「熟成を大切にする蔵、香りを華やかにする蔵などたくさんありますが、うちはフレッシュさにこだわるということで、飲み頃のピークになる直前のタイミングで酒を完成さ

酒屋の声

究極の食中酒としての領域を確立した蔵。『伯楽星』は有名です。／阿部酒店　昔は食中酒は玄人向けだったが、一般向けにイメージを革新した蔵。／庄兼

酒蔵DATA
住所：宮城県大崎市三本木字北町63
TEL：0229-52-3002

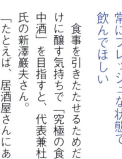

代表兼杜氏の新澤巖夫さん。

平均年齢24歳の蔵人が『究極の食中酒』を醸す。

せます。また、日付の古くなったものは酒屋さんを回って全て回収します。リーズナブルな酒は常温で保管されていることが多いのですが、うちは一番安い商品も必ず、5度以下で管理してもらうようにしています」

価格帯の縦のラインを意識する

新澤さんは、市場に合わせて酒を造るのではなく、価格にはこだわらず、極端な話、1000円から100万円までの幅で酒造りを行いたいという。

「感覚的にですが、日本酒は720㎖で1000円から3000円に価格が集まっているような雰囲気があります。でも、ワインが1000円でも100万円でも楽しめるなら、日本酒だって挑戦できるのではないかと思うのです。多くを売るというのではなく、いくら払っても飲みたい、と思われるような、価格帯の縦のラインに挑戦したいです」

おすすめの一本

伯楽星《はくらくせい》
特別純米

米 山田錦60%
度 15.8%
日 +4
¥2,500(税抜)／1800㎖、
¥1,300(税抜)／720㎖

爽やかな男酒

原料米に山田錦を使い、お冷でもお燗でも、キレのよい味わいが楽しめる。男性的な力強さと爽やかさを持ち、究極の食中酒といえる。

Notes そのほかの飲み方① 水割りにするときは、まず日本酒を注ぎ、ミネラルウォーターで割る。

秋田県

新政酒造

あらまさしゅぞう

わかりきった人工技術より、まだ未知の自然技術で新たな酒を探求したい

蔵の外観には、新酒ができたことを知らせる杉玉がある。

今年から全ての商品を生酛仕込みに

2007年に帰蔵し、新たな酒を次々と打ち出す、8代目蔵元の佐藤祐輔さん。今期から全商品を、古い酒母製法である生酛の酒にする。

「私は、日本酒が世界で勝負するなら生酛がよいと思ったので、生酛を独自に勉強しました。技術も上達してきたので、今期から生酛純米蔵にするため準備を始めています」

昔ながらの酒母造りである生酛と山廃酛の違いとは。

「まず、生酛のほうが水の使用量が少ないんです。ものというのは、水が少ないほど腐りにくいですよね。腐りにくいということは、雑菌にも侵されにくいので、きれいな酒ができます。山卸しという作業は必要になりますが、手間暇さえ惜しまなければ、酒質は安定するので、生酛を選びました」

木桶での仕込みも増やす。

酒屋の声

固定概念に囚われない日本酒造りで話題となっている蔵元。新しい技で表現される味わいは、日本酒ファンを魅了する。見学に行くたびに設備が進化しています。／伊勢五本店

酒蔵DATA
住所：秋田県秋田市大町6- 2 -35
TEL：018-823-6407

蒸し上がった米を移動させている様子。

酒母を仕込んでいる様子。

木樽を用いた木桶仕込みは毎年増えている。

「木桶仕込みでは、木の成分が少し酒に入り、これが酵母に影響を与え、ほかの酒とは違った発酵が行われます。杉の匂いはほぼせず、含んだときに不思議な厚みがでるんです。あと、木の成分なのかわからないけれど、劣化しにくいのです」

木桶は樽酒のイメージで語られがちだが、樽酒とは異なる。

「木桶仕込みがうまくいけば、理論的ではありませんが、体の中で何かを感じ、心から感動する効果があると思います」

いろいろな技術を見て よいものを選択する

東日本の酒米の先祖である『亀の尾』を最も好む。

「たとえば、酒米で有名な美山錦や五百万石は、亀の尾の血を受け継いでいます。また、東日本の米は、冷害を考慮して耐冷操作されたものが多い反面、暑さに弱いんです。亀の尾は操作されていないからこそ、どんな環境にもよく対応してくれるので、亀の尾を使いたいと思っています」

おすすめの一本

生酛・木桶仕込み コスモスラベル

米 秋田県秋田市河辺産改良信交40%
度 15%
日 ±0
¥3,500（税抜）／720mℓ

新政の新境地

ピンクのラベルが目を引く、木酛製法、木桶仕込みで醸したフラッグシップ。軟らかく、ジューシーな旨味がみずみずしくも、芯のある味わい。

Notes そのほかの飲み方② 湯割りにするときは、湯を先にグラスに入れてから日本酒を注ぐ。

秋田県
両関酒造《りょうぜきしゅぞう》

継承してきた伝統技術の中に、現代に合った技術や考えを反映していく

老舗を感じさせる、立派な蔵構え。

水を吸わせた米を蒸す様子。

伝統を生かしながら求められる酒造りをする

１４０年以上にわたり、地元の方々に支えられてきた酒質や技術を大切にしているという、代表の伊藤康朗さん。現在、大きく分けて2種類の酒を造っている。

「ひとつは、昔ながらの技術を継承しながら造る、地元の方が慣れ親しんだ飲み飽きしない旨口の酒です。もうひとつは、この伝統技術を応用して造る、純米酒や純米吟醸酒などの、香り高く高品質な酒です」

昔ながらの技術とは、寝かせて熟成させる製法で、旨味を生かした味わいを引き出すことができるという。

「簡単にいうと、醪を発酵させる期間を長くして、旨口の女酒に仕上げているということです。だいたい5月中旬に絞り終わり、涼しく安定した貯蔵タンクで半年以上熟成させています。熟成はじっくり

酒屋の声

伝統ある蔵ですが、この蔵の商品である『翠玉』や『花邑』は、新たに世にだした純米酒。秋田県産米を使用し、やさしい味わいに仕上げた『翠玉』と、特約店限定流通の『花邑』はどちらもおすすめ。／錦本店

酒蔵DATA
住所：秋田県湯沢市前森4-3-18
TEL：0183-73-3143

おすすめの一本

両関《りょうぜき》 純米酒

米 秋田県産 ゆめおばこ59%
度 16%
日 +2.8
¥2,190(税抜)/1800㎖、
¥1,190(税抜)/720㎖

ワイングラスでおいしい酒

新たな酒造りとして、環境整備してからはじめてだした酒。味は濃いが、香りは大吟醸のように派手でないため飲みやすい。

温度管理の徹底された貯蔵タンクで、じっくりと熟成させる。

蔵には売店コーナーがあり、日本酒の試飲もできる。

とさせることを大切にしていて蔵の中に昔ながらの貯蔵タンクがずらっと並んでいるんです」

全てはおいしいと喜んで頂くために

新しいタイプの酒を造るようになったのは、消費者の飲み方や環境が変わったことがきっかけだったという。

「地元の中高年の方は、お燗やひやなどの従来の形式で、ずっと同じ銘柄の酒を飲まれることが多いんです。それが、最近の若い方は、一杯飲んで、それがどんなにおいしかったとしても2杯目にまた同じ酒を飲むということはほぼありません。そうなると、一発勝負でおいしい酒にしないといけないのですが、従来の伝統的な味わいのままでは勝負にならないと思いました。ただ、伝統技術には自信がありましたので、これを応用して一発勝負の酒を新たに造ればよいだろうと、現在の吟醸酒や純米酒を手がけるようになったのです」

Notes そのほかの飲み方③ 水割りや湯割りの黄金比は、日本酒:水(湯)=8:2 である。

山形県

亀の井酒造《かめのいしゅぞう》

重圧的な存在で、鮨にたとえるならトロのような酒を目指す

明治8年創業の、出羽三山入口近くに位置する蔵。

高精白にこだわる吟醸蔵

酒造りに使う米の精米歩合を、普通の蔵なら50～70％のところ、専務の今井俊典さんは蔵の平均精米歩合を45％にした。

「香り高く甘い酒をコンセプトにしているので、もともと、蔵の平均精米歩合は53％でした。削っていない米を使うと、甘味のある中に雑味もでて飲みづらいんです。香りも甘味もだすなら、高精白・低温発酵でやらないと、お客様も納得してくれません」

さらに高精白化を進めたのは、従業員の意識を高めるためでもある。

「私が帰蔵して最初に目をつけたのは精米歩合です。うちは平均が50％前後で、従業員はそれが当たり前でした。従業員に責任感と緊張感を与えるため、高品質な米のみを使い、この精米歩合をさらに高精白にしました」

酒屋の声

毎月1種類は必ずだしてくるのが純米大吟醸。ハイペースなのに、どれを飲んでも完璧といえる仕上がりで、品質が安定していておいしいです。／酒屋源八

酒蔵DATA
住所：山形県鶴岡市羽黒町戸野字福ノ内1
TEL：0235-62-2307

温度を均一にしながら蒸米に麹菌を繁殖させる。

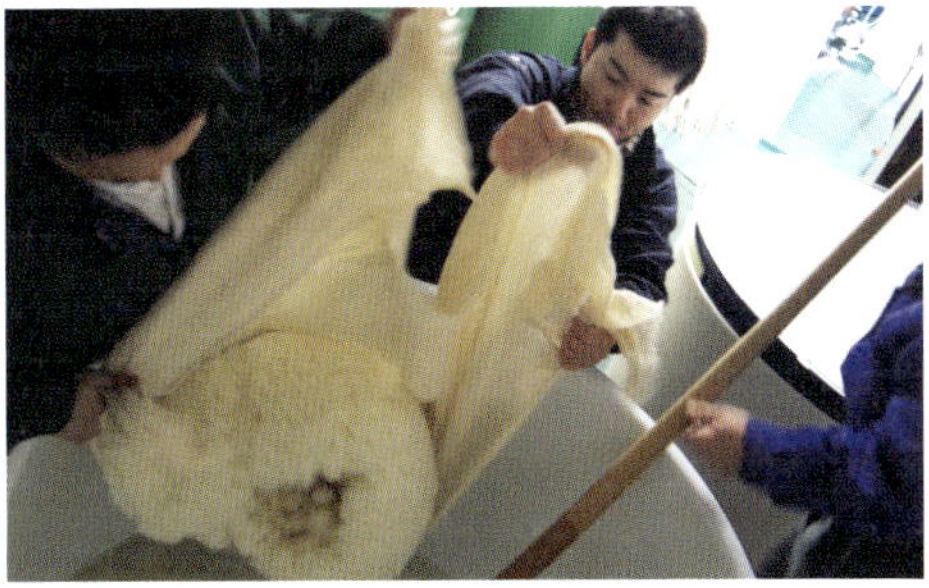

米を発酵させる酒母を造る様子。

また、昔から米に対するポテンシャルが高い蔵だからこそ、面白い挑戦ができる。

「月に1回、さまざまなタイプの純米大吟醸酒をだしています。私が29歳のときは精米歩合29％の酒をやってみたり、高級な山田錦を30％や22％まで削ってみたり。高精白が強みの蔵だからこそ、挑戦してみたい酒が造れるんです」

飲んで頂くためには外見も重視する

ボトルの雰囲気にもこだわっている。

「たとえば、B級映画とハリウッド映画を比べると、やはりハリウッド映画はルックスも中身もよいじゃないですか。そこからヒントを得て、味はもちろん、最初に目に入る刺激も大事にしています。私の造った『くどき上手Jr.』シリーズは、一本目以外全て黒瓶です。これは、高級な寿司屋の桐の板に置いても、似合うデザインを目指して考えました」

＼おすすめの一本／

純米大吟醸 くどき上手《じょうず》Jr.の未来《みらい》

米 山形県産酒未来44％
度 17％
日 ―
¥3,500（税抜）／1800㎖

現専務が全工程に携わる酒

香り華やかで、ジューシーで濃厚な味わい。ラベルの『未来』は、今後の日本酒業界をイメージしてデザインされている。

Notes そのほかの飲み方④　焼酎のようにロックで飲んでもよい。燗酒を注ぐ「燗ロック」もある。

福島県

宮泉銘醸

みやいずみめいじょう

徹底的に丁寧な造りにこだわり、飲んだ人の記憶に残る酒を目指す

昭和29年創業の、鶴ケ城からもっとも近い蔵。

代表銘柄『寫楽』は、若者にも人気がある。

数値管理を徹底し高品質な酒を造る

今から10年前、赤字になった酒造業を立て直すため、4代目蔵元の宮森義弘さんは帰蔵した。

「廃業の危機を脱却するため、現状の製造工程をじっくり見直して、もっと丁寧に造ろうと決めたんです。まずは蔵人の意識改革をしようと、杜氏制度を廃止し、私が杜氏となりました。酒造り自体も丸ごと変えて、設備投資も厭わずに、洗米の小分け化、タンク貯蔵から瓶貯蔵にするなどの、くりかえし製法にしました」

特に、数値管理には徹底的にこだわる。

「原料や醪、発酵具合など、酒ができるまでをしっかりと数値化して、1度・1%単位で管理しています。コストの関係で完璧にできない蔵も多い中、うちは徹底して100%手を抜かない酒造りを心がけています」

酒屋の声

蔵元の宮森さんはほかの蔵元や酒販店から愛される人柄で、そんな蔵元が造る酒もまた愛される。徹底した品質向上によりできた『寫楽』は、新たなファンを創造する素晴らしい酒質です。／籠屋　秋元商店

酒蔵DATA
住所：福島県会津若松市東栄町8-7
TEL：0242-27-0031

蔵人ひとりひとりが、手を抜かない酒造りをする。

内部も広く、一般の方も見学可能。

これらの作業をするに当たり、人の増員もした。

「うちの蔵人は全員若く、基本的に体育会系なんです。技術面はもちろん、環境面でもレベルを高くすることで、酒の品質も向上するんです」

人気上昇中の寫楽誕生のきっかけ

最近では、若い日本酒愛好家にも人気高い、上品な甘味が特徴の寫楽。この酒は、宮森さんが生み出した。

「もともと、うちの本家筋の酒蔵である東山酒造さんが、『古典寫楽』という銘柄の酒を造っていたんですね。廃業するときにこの銘柄を引き継ぎまして、平成17年から、うちで造り始めました。酒質については、昔から日本酒のイメージとして淡麗辛口があると思うのですが、このイメージを変えたかったんです。そこで、新しいジャンルとして、酒が苦手な方や女性でも飲みやすいような、甘味と酸味のバランスがよい、上品な甘さのある酒を造ったのです」

おすすめの一本

寫楽《しゃらく》 純米吟醸 播州山田錦

米 兵庫県産山田錦50%
度 16%
日 +1
¥3,700（税抜）／1800㎖

香りと甘味のバランス絶妙

昨年の市販酒大会で、純米酒部門1位となった酒。上品な寫楽のイメージとは少し違い、ふくよかで丸みのある味わいが印象的。

Notes そのほかの飲み方⑤　ハイボールにしてもよい。氷を入れたグラスに酒を注ぎ、炭酸水で割る。

福島県
花泉酒造《はないずみしゅぞう》

造り手が地元の人間だからこそ、地元の人に愛される酒を
これからも造っていきたい

蔵人は全員、地元・福島県南会津町南郷地域の人。

ひと手間かけた もち米四段仕込み

杜氏をはじめ、蔵人たちの全てが地元・福島県南会津町南郷地域の人だという花泉酒造。酒造りにおいても、『地元』というキーワードをとても大切にしている。

「米は100%が会津産、そのうち95%が地元南会津郡産のものを使っています。地元農家とともに、一から米を作り、精米も全て自分たちで行います。また、仕込み水は地元の『高清水』。この水源地である「高清水自然公園」は林野庁認定の『水源の森百選』に選ばれています」

と、同社社長の星誠さん。

すべての商品を「もち米四段仕込み」で仕込んでいるのがこだわりだ。

「通常は米と水、麹とを3回に分けて仕込む三段仕込みをしますが、この後にさらにひと手間加えて、蒸したもち米を熱いまま入れて仕込みます。

酒屋の声

米、水、人、仕込みにこだわり抜いた、本当の意味での福島県の地酒です。四段仕込みにこだわり、軽快でキレのよい甘口に仕上げています。／橘内酒店

酒蔵DATA
住所：福島県南会津郡南会津町界字中田646-1
TEL：0241-73-2029

米はすべて玄米で仕入れ、自家精米している。

四段仕込みに使うもち米は、木桶でかついで運ぶ。

伝統の『もち米四段仕込み』の様子。

すると、旨味と甘味がふんわりと和菓子のように膨らむんです。純米吟醸酒を含め、全商品へこの手法を取り入れています」

地域に根づいた酒造りを

昔から地元の人に愛されてきた『花泉シリーズ』、本当の意味の『地酒』にこだわり抜いた『ロ万シリーズ』が花泉酒造の代表商品だ。

「昔、この地域は雪が深く、あまり酒が流通していませんでした。そこで、自分たちで飲む酒は自分たちで造ろうと同社を立ち上げ、今では造り手自身が『おいしい』と納得できる酒を造れるようになったんです。ロ万シリーズに関しては、米と水はもちろん、酵母も福島で開発された吟醸酵母『うつくしま夢酵母』を使うなど、とことん福島県産にこだわりました。それこそが我々の考える『地酒』なのです」

今後も造り手の気持ちを大切にしながら、地域に愛される酒造りをしたいという。

おすすめの一本

ロ万 純米吟醸 一回火入れ

米 五百万石（麹米）60%、夢の香（掛米）60%、ヒメノモチ（四段米）60%
度 16%　日 —
¥2,714（税抜）/1800㎖、¥1,362（税抜）/720㎖
（各希望小売価格）

純米酒にこだわる

花泉伝統のもち米四段仕込みを使った純米酒。原料は全て地元のものにこだわり、福島で開発された吟醸酵母である、『うつくしま夢酵母』が使われる。

Notes そのほかの飲み方⑥　日本酒のハイボールには、柚子、スダチ、カボスなど和の柑橘類が合う。

栃木県

小林酒造

こばやししゅぞう

廃業寸前の蔵を立て直した、実力の酒『鳳凰美田』

明治5年、日光連山からの伏流水による米の名産地に蔵を設立。

小さな箱を使った丁寧な麹作り。

栃木の酒を引っ張る若き蔵元の努力

「私が小林酒造を継いだ1990年、蔵は廃業寸前でした。それくらいひどいスタートだったんです」

　そう語ってくれたのは、小林酒造5代目・小林正樹さん。芳醇酒を極めたともいわれる『鳳凰美田』は、どのように造られたのだろうか。

「まずはともかく生き残りをかけ、必死で蔵の改革をしました。品質をあげることを考えると必然的に吟醸造りとなり、普通酒や本醸造酒を造るのは一切やめ、県内初の吟醸蔵へ転換しました。酒は完全手作業で丁寧に搾ります。圧をかけずに、時間をかけてゆっくりと滴を落とし、搾ったら直ちに瓶詰めして、冷蔵庫に保管します。時間と手間をかけた分だけ、雑味のない酒質を味わうことができるのです」

　さらに、かつて酒類総合研

酒屋の声

『鳳凰美田』は米の甘味があり、切れ味のよい酒で、当店でも人気です。／小山商店

米が引き立つ上品な酒質で、日本酒の素晴らしさを感じます。／吉田屋

酒蔵DATA
住所：栃木県小山市大字卒島743-1
TEL：0285-37-0005

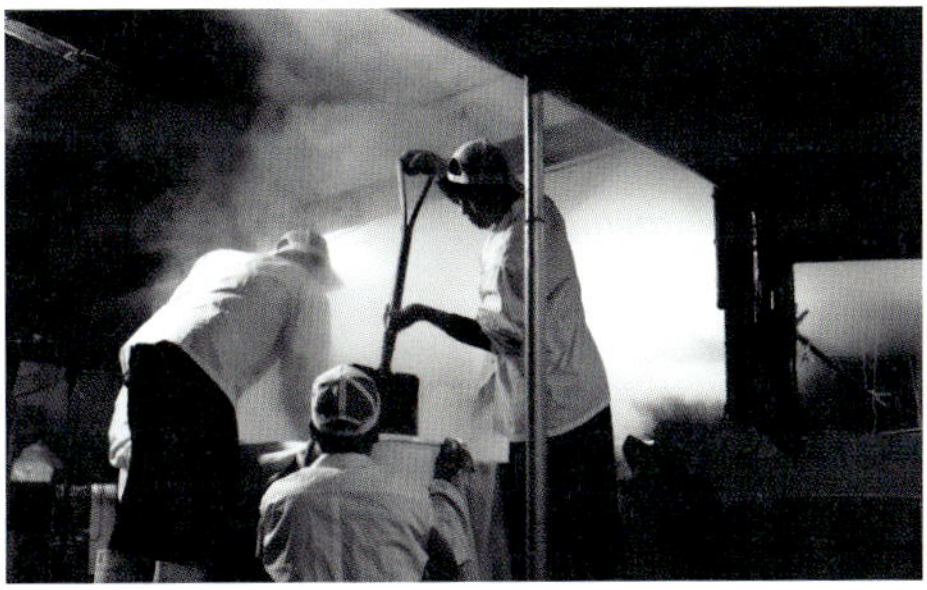
麴を造って発酵させる。

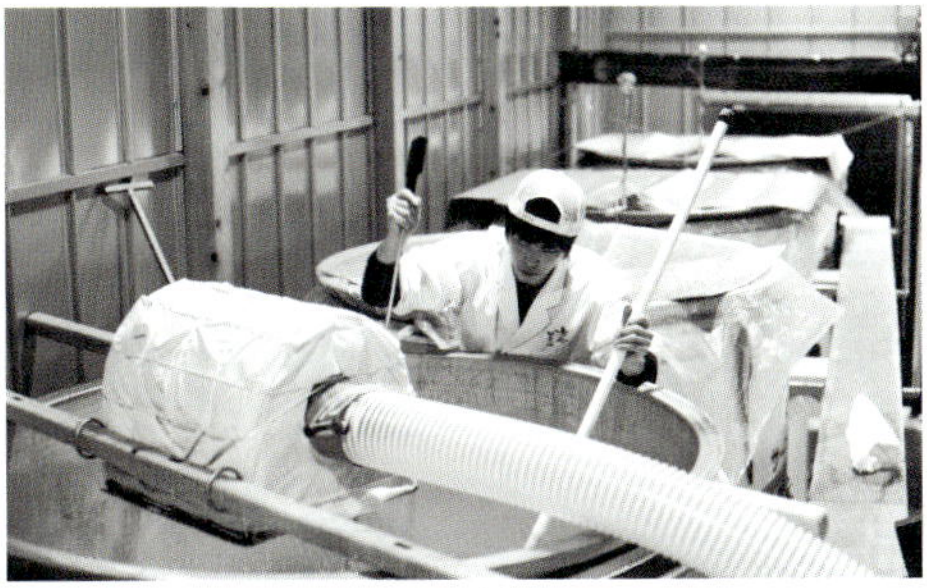
冷却装置のついたサーマルタンクを使う。

究所の指導官だった、奥様である真由美さんのフォローもあり、二人三脚で大吟醸『鳳凰美田』を完成させる。

20年前からブレない香る酒

当時は珍しかった、香り華やかな芳醇酒。

「この頃は淡麗辛口酒が流行っていました。でも、自分が飲んでおいしい酒を目指して試行錯誤し、マスカットのような香りと米の輪郭を感じる極上の酒となったんです」

環境を生かしきることが自分にとっての酒造り

鳳凰美田の由来は、蔵がかつて「美田村」という米の産地にあったことから命名された。小林酒造は酒造りをする上での、周りの環境をとても大切にしている。

「この土地だからできることや、今自分のいる周囲の環境を生かしきることが、私の酒造りだと思います。そのためにも『鳳凰美田』を今後も突き詰めていきます」

おすすめの一本

鳳凰美田《ほうおうびでん》 芳かんばし 純米吟醸酒

米 藤田農園産ひとごこち55%
度 16%
日 +1
¥3,200（税抜）／1800㎖、
¥1,800（税抜）／720㎖

米の甘味が華やかな酒

無農薬有機米を原料として使用した純米吟醸酒。ジューシーでフルーティーな酒質は後味まで残る。飲みやすいため、初心者にもおすすめ。

Notes そのほかの飲み方⑦　リキュールやジュースで割ってカクテルにすると初心者でも飲みやすい。

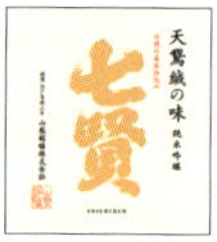

山梨県 山梨銘醸《やまなしめいじょう》

酒質は落とさず、お客様が欲しい酒を的確に造る専門メーカーを目指す

初代中屋伊兵衛は、白州の水に惚れ込み、この地に酒蔵を創設。

蔵に湧く原料水の味を生かした酒造り

営業、経営全般の業務を担当する兄の北原対馬さん、杜氏を担当する弟の亮庫さんは、兄弟揃って蔵を任されてから、商品全体の見直しを図った。試行錯誤を繰り返し、昨年2月にやっと納得いく酒造りが形成されたという。

「昔は、山廃や生酒、古酒などさまざまな酒を造っていました。でも、幅広くやっても飲み手には伝わらないんですよね。うちは、初代杜氏がこの地から湧き出る水に惚れ込んで蔵を建てたというほどの素晴らしい水があるので、それならこの水の特徴を中心に考えた酒造りをしようと思いました」

原料水である白州の水は、日本の名水百選にも選ばれた、南アルプスの天然水。

「硬度が低い軟水で軟らかい水ゆえに、香りが華やかかつすっきりした酒質を目指しま

酒屋の声

若い兄弟でそれぞれ営業と杜氏を担当しています。新体制が整ったので、今後注目で楽しみな蔵です。応援したいですね。／春山酒店

酒蔵DATA
住所：山梨県北杜市白州町台ヶ原2283
TEL：0551-35-2236

＼おすすめの一本／

七賢《しちけん》
純米吟醸
天鵞絨《ビロード》の味

米 米夢山水57%
度 15%
日 +1
¥2,700（税抜）／1800㎖、
¥1,350（税抜）／720㎖

定番の純米吟醸酒

山梨銘醸の香り華やかすっきりタイプを代表する酒。しっかりとした酸味とほのかに残る甘味のバランスが絶妙な味わい。

醪タンクの攪拌をしている様子。

手作業で麹の温度管理と湿度管理をする。

酒母の櫂つきをしている様子。

した。これをベースにして、原料米は地元のひとごこちと夢山水、製法は速醸法で出荷時に一度火入れする生貯蔵酒、酵母は15号や18号というように、今までとはがらりと変えました」

専門的な酒質と消費者ニーズとの折り合い

「私たちが造りたい酒を求めているだけではだめで、お客様に飲んで頂く瞬間まで、いかにできたてを維持できるかを考えます。蔵から出荷したときの品質とお客様が飲むときの品質に誤差があっては、蔵元としても申し訳ないので。また、私たちは、香り華やかすっきりタイプを造っているので、売れ残って常温で放置されるのも嫌です。購入した段階ですぐに飲んで頂くのを理想とするので、そこまで意識した上で、商品の選定や販売先様との関係を考えます。そのため、売り方にも特化し、売れるものを売れる場所に的確に収めることを大切にしています」

Notes 酒器②　杉や竹などの木で作られた器に注ぐと、酒に香りが移り独特の風味が生まれる。

明治21年創業で、年間2000石を醸す。

蔵元の厳しいチェックをくぐり抜けた、高品質な酒のみを提供

長野県

大信州酒造《だいしんしゅうしゅぞう》

『1蒸し2蒸し3蒸し』でフレッシュな酒質に

飲む人の幸せ実感を創る酒造りを目指すという、代表の田中隆一さん。

「丹精込めた搾りたての酒には、人の心にふれる感動体験があります。それを感じて頂きたいと、吟醸造りの蔵に転換しました。お客様に搾りたての酒を飲んで頂くためには、加工しない無垢のままの状態でお届けする必要があります。そのため、酒屋さんはもちろん、その先の居酒屋さんやお客様にも保管方法が伝わるように、流通経路を整えました」

大信州酒造の酒造りは、『1蒸し2蒸し3蒸し』をコンセプトにしている。

「これは先代の杜氏の言葉でもありますが、酒造りは米を蒸すまでが勝負。たとえば、どんなに高級な米でも、水加減を間違えるとおいしくなくなる。また、酒造りで一番大

酒屋の声

原料は長野産にこだわり、どの酒も安定したおいしさです。／春山酒店　長野を代表する実力NO1蔵。若い兄弟が協力して酒造りをします。／小山商店

酒蔵DATA
住所：長野県松本市島立2380
TEL：0263-47-0895

醪を仕込んでいる様子。

貯蔵タンクがずらっと並ぶ『豊野蔵』。

蔵の入り口には、立派な杉玉がある。

事なのは麹だといわれますが、よい蒸し米ができなければ、よい麹はできません。よい蒸し米ができれば酒は7割成功といえます。とはいえ、残りの3割が抜けると70点の酒にしかならないので、さらに高い技術や、よい酒母を造り醪の管理をきちんとするなど、100点の酒を目指します」

100点を目指す上で欠かせない原料米

「よい酒はよい米がなければ始まりません。大信州では、全体の95%を長野県内で契約栽培しています。農家さんは、米の専門農家としてやっていくことを決めた30代の若い方ばかりなので、真剣度が違います。彼ら作り手との意見交換はもちろん、彼らと一緒に研修会を行ったり、酒の試飲会をしたりして、理想の米を目指しています」

大信州酒造の酒は、田んぼごとに仕込みをしており、商品ごとに誰のどの田んぼで採れた米を使っているのかまでを追うことができる。

おすすめの一本

大信州《だいしんしゅう》
N.A.C.
ひとごこち

米 長野県産ひとごこち59%
度 16%
日 +1
¥3,200(税抜)/1800㎖、
¥1,600(税抜)/720㎖

料理を引きたたせる酒

契約農家の単一品種、ひとごこちを使用する。控えめな味わいで、この酒がおいしいというより、この料理がおいしいと感じる酒。

Notes そのほかの飲み方⑨　冷凍庫でシャーベット状に凍らせて食べつつ飲むのもよい。

霊峰八海山と八海醸造本社蔵。

レギュラー酒用の蔵として、平成16年に八海醸造第二浩和蔵を設立。

新潟県

八海醸造《はっかいじょうぞう》

お客様に日常的に飲んでほしい酒だからこそ より高品質の酒に磨き上げる

5つのこだわりで 飽きない旨さを目指す

個性の強い日本酒が注目を浴びる中、淡麗ですっきりとした味わいの酒を醸す。

「普通酒、特別本醸造酒は、日常的に飲んで頂きたい酒。毎日飲んで頂くからこそ、どこまで高品質化するかを大切にしています。製造する全ての酒に大吟醸造りの技術を応用することで、レベルの高い吟醸酒にも近づけることができるんです」

と、八海醸造製造部長の南雲重光さん。現場で守っている5つのポイントがある。

「まず、ひとつひとつの商品設計、品質設計に合う米を選び出すこと。ふたつ目は、選び出したその米を白く丁寧に磨いて酒造りに使うということ。3つ目は、機械の手を借りずに『突きはぜ麹』を作り上げること。そして4つ目は、『小ロット低温長期発酵醪』で醸造していること。発酵は

酒屋の声

少量生産で丁寧に造っている蔵は多いですが、毎年あれだけの量を、安定した味わいで提供するのは素晴らしいですね。／シマヤ酒店

酒蔵DATA
住所：新潟県南魚沼市長森1051
TEL：025-775-3866

手作業で『突きはぜ麹』を作る様子。

『小ロット低温長期発酵醪』で醸造する様子。

温度をあげれば2週間ほどでできますが、低温で28日間かけてゆっくり醸し出す手法を取っています。5つ目は、粕歩合の多さ。普通酒の粕歩合は通常20％前後ですが、うちは33％です。それだけクリアな酒であると、自負しています」

限定酒ならではの売り出し方

　八海醸造で扱う、普通酒、本醸造、吟醸、純米吟醸、大吟醸は全て「淡麗旨口タイプ」の酒質であり、これを変えるつもりはない。

「ただ、市場では個性的な香りの立つものが話題になっているのは事実です。そういった面には季節限定などの限定品で対抗しています。たとえば、夏限定の『特別純米原酒』は、マイナス12度まで冷やし、キンキンに冷やしたショットグラスで一気に飲むとビールのような喉越しを楽しめます。通常品に加え、四季折々の日本酒の飲み方を提案していきたいです」

おすすめの一本

八海山《はっかいさん》 特別本醸造

米 五百万石、トドロキワセ他55%
度 15.5%　日 +4
¥2,390（税抜）／1800mℓ、
¥1,150（税抜）／720mℓ、
¥520（税抜）／300mℓ、
¥350（税抜）／180mℓ

辛口好きにはたまらない酒

香り控えめで、ふくよかで丸みを帯びた味わい、キレのよい喉越しが特徴。冷酒からお燗まで、どんな温度でも楽しめる。

Notes 酒器①　日本酒は、どのような素材、形状の酒器に注ぐかによって味が変化する。

日本酒は文化ではなく、実際に飲んで幸多き中身を造るもの

愛知県

萬乗醸造《まんじょうじょうぞう》

寛政5年に創業され、現在の蔵元・久野さんは15代目。

『醸し人九平次』のおいしさの秘密は米

「もともと、大手メーカーの下請けとして酒を造る蔵でした。15年前会社を受け継ぎ、下請け・機械的な大量生産のスタイルを切り替え、少量仕込みながらも、新ブランドを立ち上げました」

と、15代目蔵元の久野九平治さん。今や、『醸し人九平次』は人気ブランドとなった。日本酒の新ジャンルとして確立された『芳醇旨口』タイプであり、女性を中心に、老若男女問わず人気を博する銘酒である。

「原料米の山田錦は粒が大きいため、水分が多く溶けやすいんです。米の味が移るので、芳醇な旨味がでます。また、精米歩合を50％以下にして、果実味をだします」

また、2010年から米の自社栽培を始めている。

「ワインはブドウから育てるのに、米のことを知らなくて

酒屋の声

既成概念を打破し、21世紀型の消費者目線を目指している蔵です。ワイン感覚で飲める、フレッシュで果実味たっぷりの味わいです。／鈴木三河屋

酒蔵DATA
住所：愛知県名古屋市緑区大高町西門田41
TEL：052-621-2185

仕込みタンクが並ぶ部屋は、温度管理を徹底する。

自社田で自分たちが作った米を使い醸す。

全て手洗いした米が蒸し上がった様子。

は説得力に欠けると、兵庫に田を借り、移り住んで山田錦を自家栽培しています」

２０１５年から自社田を持ち、新たな一歩を踏み出した。

6年前から パリ活動を開始

「１９８０年をピークに日本酒は右肩下がりの業界で、何かできないかと思案していると、パリでのイベントの話を頂いたんです。そこでフランスの方に、『大きな会社じゃないでしょ？ 手作りの味がするからわかる』と評価してもらいました。大量生産蔵から手造り蔵へ変えた私にとって、最高の褒め言葉でした」

パリでの活動を本格化する。

「ワインと日本酒というジャンルが異なっても、この感覚で飲んで頂けるなら、受け入れてもらえるのではないかと。パリは美食の都でもあるので、ここから世界に発信できると思いました」

営業活動の結果、今では三ツ星レストランなどで採用されるようになったという。

＼おすすめの一本／

醸《かも》し人九平次《びとくへいじ》 純米大吟醸 別誂《べつあつらえ》

米 兵庫県産山田錦35%
度 16.5%
日 ±0
¥7,718(税抜)／1800mℓ、
¥3,859(税抜)／720mℓ

九平次シリーズの最高峰

山田錦を35%まで磨き上げた、純米大吟醸。上品で芳醇な果実香が漂い、米の旨味・甘味・酸味のバランスが絶妙な酒。

Notes そのほかの飲み方⑧　−15度まで冷やしグラスに注ぐと、一瞬で凍結し「みぞれ酒」になる。

三重県

木屋正酒造《きやしょうしゅぞう》

酒は単なる脇役ではない。おいしい酒とおいしい料理であればそれが一番

昔ながらの製法で品質重視の酒造りをする。

甘味と酸味のバランスが絶妙な『甘酸』の酒

今や幻の銘酒として知らぬ人はいないであろう『而今』を生み出した6代目蔵元の大西唯克さん。誕生秘話を聞いた。

「地元向けの銘柄に、『高砂』がありましたが、同じ名前の酒が全国に存在するんです。この名前で新たな商品を造っても、全国の地酒市場では勝負できないと思いました。そんなとき、母が『而今』がいいんじゃないかと言ってきたんです。而今とは、『今このときを懸命に生き抜く』という意味です。当時は売り上げも100石ほどに落ち、会社は火の車でした。必死に造る私の姿を見て、母は『而今』という言葉を選んでくれたんだと思います」

而今の特徴でもある甘酸（甘味と酸味のある酒）は、現在では日本酒のひとつのジャンルとなっているが、而

酒屋の声

「究極の食中酒」を目指す酒蔵で、今やっていることをベストと思わず、日々改善を繰り返しています。本当のおいしさを発見できる酒です。／鈴木三河屋

酒蔵DATA
住所：三重県名張市本町314-1
TEL：0595-63-0061

圧力をかけない酒搾り法「袋吊り」の様子。

地元農家の協力で、田植えにも携わる。

有形文化財に指定された店舗兼主屋。

今を造り始めた10年前は見かけないタイプだった。

「昔の酒は甘味はあっても酸味はなく、淡麗できれいな酒が多かったんです。それをうちが、甘味と酸味を持ち合わせ、ふくよかでキレのよい酒を出し、ヒットしました。甘酸の酒の先陣を切ったと自負しています」

全国のよい米を使ったおいしい酒を造り続ける

さまざまなシリーズは、酵母や造り方は変えずに、原料米のみを変えている。

「地元名張の山田錦をひとつの柱としてやろうと考えています。地元の米を使うことで地元へ貢献し、農家さんと一緒に価値を高められるんじゃないかと思って」

おいしい酒を造るため、全国の農家さんともつながっていきたいという。

「地域を完全に限定するにはリスクがありますし、一番のゴールはおいしさです。そのため、積極的に他県のよい米を取り入れています」

おすすめの一本

而今《じこん》
特別純米
火入れ

米 富山県産五百万石60%
度 16%
日 +2
¥2,600(税抜)/1800㎖、
¥1,300(税抜)/720㎖

而今の特徴がわかりやすい酒

類にじゅわっと溜まるジューシー感を持ちながら、落ち着きがありバランスがよい。酸味によって後味がキレるため、杯が進む。

Notes 酒器③　漆塗りの盃は高級品であり、婚礼や正月など祝い事の席で利用されることが多い。

奈良県

今西酒造

いまにししゅぞう

酒の神が鎮まる地で酒造りをするからこそ地域活性化に貢献していきたい

酒の神様である「大神神社」の膝元で、約350年酒造りをする。

“酒の聖地”で造り手全員が愛情をかけて造る

三輪山を御神体とする、日本最古の神社・大神神社。酒造りの神が祀られていることでも知られ、全国の酒造に吊るされている『杉玉』は大神神社から届けられている。いわゆる、酒の聖地にある、唯一の酒造が今西酒造だ。代表的な銘柄みむろ杉も、三輪山に由来してつけられた。

「三輪山が古くから『三諸《みむろ》山《やま》』と呼ばれていることと、三輪山では『杉』に神様が宿るとされていることから命名しました。酒造りの神が鎮まる地というストーリー性は強みのひとつです」

蔵元の今西将之さんは、昔から家業を継ぐことを意識。

「いつか自分の手でみむろ杉を大きくしたかったんです。ただ、日本酒離れの時代が進んでいたので、よい酒造りだけでなく市場に適した酒造りをしようと考えました。そこ

酒屋の声

桶一本一本を大切に醸す伝統技術。水や米などの原料も古くから伝わる地のものにこだわり、酒米の開発にも力を入れています。／リカーショップオオタケ

酒蔵DATA
住所：奈良県桜井市三輪510
TEL：0744-42-6022

蒸し上がった米は、用途に合う温度まで冷ます。

原料米の田植えを行う、蔵元の今西将之さん。

酒と杜氏の神を祀る『大神神社』。

で、料理に寄り添うのでなく、お互いが引きたつ酒を造りました。酒質としては、米の旨味がしっかりとし、キレ味のよい酸が凝縮された、料理を食べるほど杯が進む酒です」

酒質向上と地域活性化を目指すドメーヌ化

チームワークは酒質の向上にもなる。よい酒を造るため、今西さんは原料米を仕込み水と同じ水脈上で作る、ドメーヌ化を図る。

「地の米、地の水、地の技術で酒造りをすることが『地酒』だと思っているので、100%は叶っていませんが、取り組んでいます」

創業355年もの歴史を誇る、今西酒造。

「これほど長く商売を続けられているのは、やはり地酒として地元の人に支えられているため。おこがましいかもしれませんが、酒を通じてこれからも地元・三輪に貢献したいです。そのためにも、ドメーヌ化の推進など、地域活性のために尽力します」

おすすめの一本

みむろ杉《すぎ》 純米吟醸 山田錦

米 山田錦60%
度 15.5%
日 +3
¥2,700(税抜)／1800mℓ、¥1,400(税抜)／720mℓ

米の上品な旨味を感じる酒

火入れタイプだが、飲むと生酒のような フレッシュ感がある。ふくよかで米の旨味がありながらもきれいな味わいが特徴。

Notes 酒器④　ガラス製の器は清涼感が演出できる。透明度の高い酒や冷酒に向いている。

広島県

金光酒造《かねみつしゅぞう》

少量生産の酒造だからこそ、飲んだ人の心に残る「おいしい」を求めて自社にしかできない酒造りを

普通酒を造る蔵から、吟醸蔵として生まれ変わった。

個性ある酒を造るために酒造を大幅に改革

広島県東広島市で明治13年に創業した金光酒造。創業以来、メインブランドとして『桜吹雪』を売り出し、その酒造りを代々受け継いできた。普通酒主体だった蔵をがらりと改革したのは、現社長・金光秀起さんだ。

「地方蔵のほとんどは、安い酒でも売り出すのは難しいのが現状です。そんな中、全ての商品を純米酒に変え、オリジナリティある酒を造ろうと考えました。そうしなければ全国で生き残れないと、酒蔵改革に踏みきりました」

金光さんが取り組んだのは、自分で吟醸酒を造ること。前任杜氏に習うわけでもなく、文献を頼りに手探りで始めたという。試行錯誤の末、完成したのが現在の人気ブランド「賀茂金秀」シリーズである。「フレッシュ&ジューシー」が味のコンセプトです。瓶詰後、

酒屋の声

"低アルコール原酒" のジャンルで答えを見つけ評価されている蔵元。／伊勢五本店
特殊な火入れ法は味わいのバランスが秀逸で、BYを重ねる毎に進化します。／酒商山田

酒蔵DATA
住所：広島県東広島市黒瀬町乃美尾1364-2
TEL：0823-82-2006

数値管理は徹底して行う。

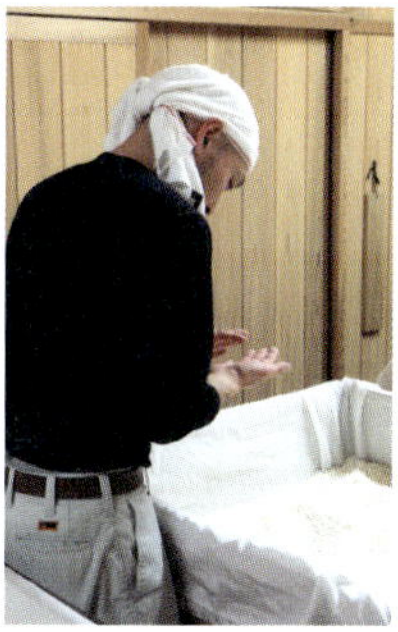

原料米の仕上がりをチェックしている様子。

室温や湿度管理をしながら、製麹する。

マイナス5度の冷蔵庫で貯蔵、味の熟成具合を見ながら『瓶燗』を行います。瓶燗は瓶のまま、湯煎して熱処理をする手法で、これによって発酵した炭酸ガスが瓶内に残ります。そのため、火入れしたお酒でありながら、生酒のようなフレッシュさ、フルーツが熟れたようなジューシーさを味わうことができるのです」

新しい日本酒をどんどん造っていきたい

「こころに残るおいしいを求めて」というキャッチフレーズで、酒造りを行う。

「飲んで頂いた方のやすらぎ、癒しの酒になればいいと思っています。『賀茂金秀　特別純米　原酒13』というお酒は、アルコール度数が13%と、通常の日本酒より低め。アルコールに強くなくても、日本酒本来の米の味をしっかりと味わうことができます。このお酒のように、従来の日本酒の形にとらわれず、新しい日本酒のカテゴリーを確立していこうと思っています」

おすすめの一本

賀茂金秀《かもきんしゅう》 特別純米 13

米 麹米雄町米50%、掛米八反錦60%
度 13%　日 —
¥2,600（税抜）／1800mℓ、¥1,300（税抜）／720mℓ

物足りなさを感じない低アルコール酒

低アルコールで、テーブルを囲んで一本飲みきれるような酒。鮮度が高く、果実が熟れたようなジューシーな味わい。

 Notes 酒器⑤　金属製の器は熱伝導性が高く燗酒や冷酒に適している。割れにくいという利点もある。

鳥取県

山根酒造《やまねしゅぞう》

万人受けより、米ごとの品質を十二分に発揮し、独創的な酒質に仕上げる

25BYの酒を醸す蔵人たち。

お燗にしても酒質を崩さない酒

純米酒に特化して、『温めて飲む酒』をコンセプトに、高い温度でも崩れない酒質を目指していると、蔵元の山根正紀さんは言う。

それぞれの原料米の状態に合わせながら、お燗にしておいしい酒を造り出す。

「農家ごとに特徴が違うので、その米の育った地や土臭さを表現したく、米は削り過ぎないようにします。また、酵母が完全に醪の中の糖分を分解する完全発酵という造りにして、日本酒度をあげました。うちの日本酒度の平均がプラス15と、日本一日本酒度の高い蔵かもしれません。これだけでもわかるように、万人受けというよりも、辛口でお燗が好きな人にすごく受け入れて頂けると自負しています」

また、酒質に再現性は求めていないという。

「普通なら方向性を決め、そ

酒屋の声

酒米にとことんこだわっている蔵です。直接契約をしている酒米を使い、蔵元の哲学を用いて造られるシリーズは人気です。
／酒屋源八

酒蔵DATA
住所：鳥取県鳥取市青谷町大坪249
TEL：0857-85-0730

蒸し取りをしている様子。

麹を作っている様子。

こからブレないような酒造りをすると思うのですが、うちは米重視なので、今年は今年、去年は去年という考えです。毎回、その年の米に一番合った仕込みに変えているため、当然酒質も変わっています」

農家とは直接契約のみをする

「酒造好適米を作っているといっても、酒になるイメージを持つ人はほとんどいません。なので、実際にいろいろな酒を一緒に飲んだり、その農家の米だけで造った酒を飲んだりして体感してもらいます。すると彼らも理解してくれて、あの米には負けたくない、などと競争するようになるんです。米の品質もあがりますし、酒質も向上します。ここで面白いのが、私たちはラベルに生産者の名前を表記しますが、この生産者の米の味が好きだという愛好家の方がいらっしゃるんです。うちの酒のファンの間でも、使用米の生産者のファンになる方が出てくるようになりました」

＼おすすめの一本／

日置桜《ひおきざくら》 生酛　純米酒

米 玉栄(杉山米)70%
度 15~16%
日 +8
¥3,200(税抜)／1800m

多面的な味わいの酒

生酛は蔵つき酵母が入るため、その蔵の特徴がでやすい。味わいとしては、立体感や奥行などの要素が多く、その複雑味を感じる。

第六章
日本の蔵

Notes 酒器⑥　日本酒の酒器としてもっとも普及しているのは陶磁器製のものである。

今飲んでも30年後に飲んでも、日本酒ど真ん中でおいしい酒でありたい

島根県
富士酒造《ふじしゅぞう》

若手を中心とした蔵人が醸す、300石ほどの小さな蔵。

特徴の異なる吟醸酒と純米酒

以前の杜氏が急死し急に帰蔵することとなった、杜氏の今岡稔晶さん。いきなり杜氏となり、最初はその年の酒を造ることで精一杯だったが、徐々に自分の造りたい酒と蔵の得意とする酒がわかってきたという。

「以前の杜氏は、吟醸香が豊かな酒を得意とする出雲杜氏でしたので、吟醸酒に関してはそのまま受け継ぎました。ただ、純米酒は、料理を引きたてる、やさしい味わいの食中酒にしたかったんです」

純米酒はイチから造り直した。「なるべく米や醪、麹を手でさわったり香りを嗅いだりなど、体験することを重視しました。毎年出来の違う米との対話、醪や酵母の発酵の状態、温度管理などを近いところで体感することにより、経験につながるんです」

こうして、今岡さんが開発

酒屋の声

若き蔵元の今岡稔晶氏の造る酒は年々旨くなっている。日本人らしい、清らかで真っ直ぐ、手作りで心温まるおいしい酒をこれからも醸してほしい。／籠屋　秋元商店

酒蔵DATA
住所：島根県出雲市今市町1403
TEL：0853-21-1510

最新の設備を導入しつつ、木の温もりなども大切にする。

酵母仕込みをする様子。

食事との相性がよい、やわらかい純米酒を造る。

した純米酒と以前の杜氏の吟醸酒の2種類を確立した。

吟醸と純米のよいところを持ち合わせる純米吟醸

「私の理想とする酒質は、飲みやすい中にも存在感がある、食事と合わせてしっかり飲めるものです。4年前、今の吟醸酒の華やかな存在感と、純米酒の優しい飲み口という、お互いのよい部分をかけ合わせた純米吟醸を造れば、理想の酒質になると思い、挑戦してみました」

今岡さんは、どんな酒でも、清く正しく造ることを大切にしている。

「一番安い酒でも一番高い酒でも関係なく、私たちがベストな手間暇や愛情をかけて造ったものに出雲富士のラベルを貼ってお客様にお届けすることが大前提にあります。私たちの酒造りは、和釜で蒸して木槽で搾るなど、非常に手間暇かかる作業です。それでも確実に酒質はあがるので、時間をかけて丁寧に造ることをモットーにしています」

おすすめの一本

出雲富士《いずもふじ》
純米吟醸 50

米 米山田錦50%
度 16%
日 +5
¥2,980(税抜)/1800mℓ、
¥1,560(税抜)/720mℓ

一回火入れの王道酒

ほどよい吟醸香と優しい味わいで、和食の出汁文化と合う。料理を引きたたせるだけでなく酒自体も楽しめるため、ゆっくり飲むのにもおすすめ。

Notes 酒器⑧ 変わった素材の酒器では、スルメの胴でできた徳利や昆布を使った猪口などもある。

発酵を混ぜて均一にする、『櫂入』をする様子。

日本酒の品質を落とさないための醪タンク。

蒸米に種麹を撒く、『種切』をしている様子。

山口県

旭酒造

あさひしゅぞう

負け組だった酒蔵が生み出した、奇跡の酒『獺祭』。独自の酒造りを展開する

山田錦にこだわりきった酒

今や日本酒業界のトップブランドのひとつといってもよい獺祭だが、昔は県内でも弱い酒蔵だったという、代表の桜井博志さん。

「私たちにとってメインの商圏は岩国市内でしたが、そこでは完全に負け組でした。普通、地方の蔵の酒は、東京でうまくいかなくても地元で愛されるものですよね。でも私たちは、東京に進出せざるを得なかったし、だめでも帰るところがありませんでした」

コンセプトは、お客様に一番価値のある、『おいしい』を造ること。そのひとつとして、全量山田錦を使う。

「いろいろな米を使いましたが、山田錦の酒質が一番よかったんです。小さな蔵でしたので山田錦を確保することに苦労しましたが、今では全国の山田錦の約一割強を確保しています」

酒屋の声

山田錦を100％使用する。商品名に数字がついていたり、酒質がわかりやすいため、初心者〜上級者まで全ての人におすすめ。
／シマヤ酒店

酒蔵DATA
住所：山口県岩国市周東町獺越2167-4
TEL：0827-86-0120

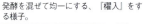

\おすすめの一本/

獺祭《だっさい》 純米大吟醸 磨き二割三分

米 山田錦23%
度 15~16%　日 ―
¥9,524(税抜)／1800mℓ、
¥4,762(税抜)／720mℓ、
¥2,000(税抜)／300mℓ、
¥1,350(税抜)／180mℓ

磨きの高さは日本最高峰?!

旭酒造のプライドともいえる商品で、米の磨きで表示できるものの中で、一番磨いている酒。非常に透明感があり、フルーティーな味わい。

2015年5月に改築した12階建の本社蔵。

また、お客様にとって一番価値のある酒を増やしていった結果、大胆にも純米大吟醸造りのみにする。

「私たちがおいしいと信じた酒以外は造りません。やはり、純米大吟醸はおいしいんです。この一種類を造るためだけに製造体制など全てを集約すると、さらにレベルの高い獺祭ができ上がります」

12年前から始めた四季醸造

「商品を一番よいコンディションに合わせてお届けできること、売れ行きのよい商品など需要や環境に合わせて生産量をリアルタイムで調整できることが可能になりました。少しでもお客様の状況に合わせて多く造る、ということを考えると、自然と四季醸造になりました」

　桜井さんは、獺祭を『幻の酒』にしないため、山田錦の増産や、2015年5月に12階建ての本社蔵を改築するなど、石高も確保していくという。

Notes 酒器⑦　陶器製の酒器は口あたりが滑らかで、酒の味を軟らかく感じることができる。

店舗兼母屋。

2015年から改築された麹室。

冷房完備の仕込み蔵。

おいしい和食に合わせたり、語り継がれたりという、
王道の日本酒であり続けたい

山口県

澄川酒造場《すみかわしゅぞうじょう》

高級路線に転換した東洋美人

現在の東洋美人は、20年前に杜氏の澄川宜史さんが一新した商品であり、今や生産割合100%になる。

「これからの日本酒業界を考え、20年前より、普通酒から地元・長州産の山田錦を使った特定名称酒に転換し、高級路線を目指しました。蔵に湧き出る月山岩清水を使い、低温でじっくりと発酵します。とにかく品質向上に努め、『稲をくぐり抜けた水でありたい』というコンセプトのもと、山田錦などの上品な味わいと、自社酵母による爽やかな香りをうまく調和させ、フレッシュでフルーティーな、透明感ある酒を造っています」

近年は、酒屋や飲み屋で目にすることが多い。

「私たちは、もともと地方の小さい蔵で商いをしていましたが、2013年の豪雨で被災しました。100人以上の

酒屋の声

2013年の豪雨で被災したが、見事蔵を復興。生き残ってくれた酒・奇跡の新酒・原点・一歩と、着実に新たな『東洋美人』を造っています。／酒舗まさるや

酒蔵DATA
住所：山口県萩市大字中小川611
TEL：08387-4-0001

2014年10月に新設された蔵。

蔵元さんや酒屋さんが手伝いに来てくださり、どうにか再開しました。集まってくれたのは20年間東京はじめ全国の市場で共に生きた同志です。また、被災をきっかけに注目して頂くようになりました」

地元の方々が誇れる日本酒を目指して

「昔から地元市場を中心に流通していたこともあり、東洋美人を通して全国に地元の魅力を伝えつつも、どちらかといえば、地元の人に誇って頂けるような酒でありたいです。地元の米や水を使って造る酒が東京や世界で勝負できているということが、少しでも自信につながってくれれば嬉しいです」

また、日本酒のあり方についても示唆する。

「蔵人として、常に酒造りの現場を直視していきたい。そうすれば自然に、ブームで終わらず文化になっていくんです。セールスなどで攻めるのではなく、王道な味を守っていきたいです」

おすすめの一本

東洋美人《とうようびじん》 純米大吟醸 壱番纏《いちばんまとい》

米 山田錦40%
度 15.9%
日 +5
¥3,500(税抜)/720mℓ

ワインのような酸味が心地よい

東洋美人シリーズの最高峰商品。フルーティーで透明感のある、フレッシュな味わい。後味には、すぱっとしたキレがある。

Notes 酒器⑨　表面積が大きい酒器ほど香りが広がりやすいが、その分揮発が早く酸化も進みやすい。

愛媛県

成龍酒造《せいりょうしゅぞう》

時間が経つほど味のノる熟成向上酒を追求しながら、毎年チャレンジ酒を醸す

蔵人4人が息を合わせて酒造りをする。

時間が経つほどおいしい熟成向上酒

成龍酒造の酒質の特徴は、『熟成向上酒』だという、蔵元長男で常務取締役の首藤英友さん。

「開けたてが一番おいしい酒もありますが、うちの酒は、開けてから時間とともに味に丸みがでてくるんです。これを私たちは、造語で熟成向上酒と呼んでいます」

熟成酒には、徹底した温度管理が欠かせない。

「私たちはもちろん、酒屋さんや飲食店さんにも冷蔵庫での徹底した管理にご協力頂いた上で、熟成向上酒は完成するんです」

お客様との対話から生まれるアイデア

「2007年から、ブログを始めました。文を書くのは苦手ですが、自分のことや蔵の出来事を書くことで、うちを知ってくれたり訪問に来てく

酒屋の声

小さい蔵ですが、地元の米に特化し、香りを抑えた食中酒を造ります。／知多繁　蔵元後継者がSNSで情報発信を行い、消費者目線を大事にします。／春山酒店

酒蔵DATA
住所：愛媛県西条市周布1301-1
TEL：0898-68-8566

創業から約140年、地元で愛され続ける蔵。

米が蒸し上がった様子。

すべての工程を手作業中心で丁寧に行う。

れたりと、よい面があることも実感しました。また、お世話になっている酒屋さんや飲食店さんをお借りして、うちの酒の試飲やプレゼンテーション、料理と合わせて楽しむなど、『お酒の会』を開いています。ここではお客様の声が直接聞けるので、私たちも勉強になります」

実際『お酒の会』ででた声から造った酒も。

「お客様とふれあった際、もう少しマイルドな口当たりのものが飲みたい、という意見が多かったんです。私もそういう酒を飲んでみたいと思ったので、『ヒノヒカリ』という愛媛の米で造りました。それが、ほどよいやさしい旨味と、さっぱりとした酸を基調に仕上げた、「陽の光純米サンシャイン」です。夏場に冷やして飲んだらおいしいだろうとイメージして6月に出したところ、7月中旬には完売しました」

この酒については、今後も挑戦し、さらに理想の味に近づけていきたいという。

おすすめの一本

伊予賀儀屋《いよかぎや》
純米吟醸
無濾過

米 愛媛県産松山三井50%
度 15~16%
日 +2
¥2,750(税抜)/1800㎖、
¥1,375(税抜)/720㎖

米の旨味重視の食中酒

賀儀屋シリーズの中でも、香り・味わい・キレのバランスが優れている酒。季節に応じてどの料理にも合わせやすいのが特徴。

Notes 酒器⑩　華やかな香りの薫酒には、ラッパ型やうりざね型などのグラスタイプが向いている。

青森県

三浦酒造《みうらしゅぞう》

レパートリー豊富な酒質で、いろいろな酒を揃える酒屋のような蔵

酒母の担当を兄・三浦剛史さん、麹の担当を弟・文仁さんが行い、指揮を取る。

「いろいろな酒質の酒を造っているので、コース料理の前菜からデザートまで、それぞれに合う商品があります」

これほど多種類の酒が造れるのは、かつてさまざまな杜氏が出入りしたからだという。

「南部杜氏や津軽杜氏などが携わり、それぞれの技を受け継ぎました。また、特定名称酒に切り替えるのも早く、昭和50年頃から純米酒を造っていたんです。なので私たちは、新たな酒質に挑戦するというより、過去の経験で得た技術を活用した安定の品質の酒を造り、お客様は自分に合った酒を選んで頂けます」

酒屋の声

弘前で家族を中心に酒造りをします。全量自家精米で、軟らかくふくよかな酒質は人気です。／福原酒店　三浦兄弟が杜氏をし、次々に斬新で煌めくようなお酒を醸します。／春山酒店

酒蔵DATA
住所：青森県弘前市石渡5-1-1
TEL：0172-32-1577

おすすめの一本

豊盃《ほうはい》 純米吟醸 豊盃米 55

米 豊盃米55%
度 15~16%
日 +2
¥3,048(税抜)／1800mℓ、
¥1,571(税抜)／720mℓ

料理の名脇役

味のノリがよく、コク深い味わいが特徴。和食にも洋食にも合わせることができ、冷酒でも常温でも、気張らずにリラックスして飲める。

岩手県

吾妻嶺酒造店

あづまみねしゅぞうてん

岩手の伝統技術を伝承し、『吾妻嶺＝岩手らしい酒』と認識されることを目指す

南部仕込みは、麹作りに多くの時間を割いて元気な麹を造る手法。岩手発祥のこの伝統技術で、今も仕込んでいる。3代目蔵元の佐藤元さんは、伝統技術の中で現代人にフィットする味を目指している。

「私に代替わりしたのをきっかけに、純米酒を造る割合を7割に増やしました。岩手の原料米を通して、『岩手の味』をより多くの方に知ってほしいからです」

また、酒米美山錦を使った酒造りにも力を入れる。

「美山錦は、非常にシャープな酒質です。美山錦の持ち味であるコクとキレ、そこにうちの技術を生かし、やさしい口当たりの『吾妻嶺』らしい酒質にします」

酒屋の声

2000年頃、蔵元後継者であった佐藤元さんが、名前を覚えてもらおうと銘柄をひらがなに変えました。米の甘味とキレ味のよい味わいで、当店でも人気です。／小山商店

酒蔵DATA
住所：岩手県紫波郡紫波町土舘字内川5
TEL：019-673-7221

おすすめの一本

あづまみね 純米吟醸 美山錦 生

米 美山錦50%
度 15～16%
日 +3
¥2,850(税抜)／1800mℓ、¥1,425(税抜)／720mℓ

平仮名でリニューアル

美山錦を使った主力商品。香りがやさしく穏やかでコクがありながら、キレのある酒質のため、食事をしながら飲むのにおすすめ。

Notes 酒器⑪　燗酒や冷酒のときは、温度を保ったまま飲みきれるよう、小さめの酒器を選ぶとよい。

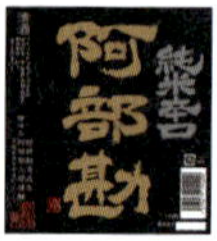

宮城県

阿部勘酒造

あべかんしゅぞう

蔵人が全員若いからこそ、柔軟で向上性のある酒造りが実現できる

ある飲み屋でおいしい料理と店主がこだわる日本酒を飲み、家業の素晴らしさに気づいた蔵元の阿部昌弘さん。

「その酒とは、今でいう食中酒。香りや透明感があり、料理を邪魔しない味でした」

「帰蔵して、魚介類を一番おいしく食べられる酒を目指しました。蔵は漁港の近くにあるので、地元の方に愛される酒にしたかったからです」

毎年米の出来に合わせて造りも変えている。

「うちは杜氏が40代、2番手3番手が30代。そのほかの社員も若いんです。経験が足りない分、試行錯誤したり、お客様の意見を吸収して改善したり、微調整しながら、常に酒質向上をしています」

酒屋の声

派手さはないが、その魅力にはまると抜け出せない。「飲み続けられる酒」です。／酒商山田　刺身などに抜群に合う。常温飲用を好む方や飲食店におすすめです。／まるひろ酒店

酒蔵DATA
住所：宮城県塩竈市西町3-9
TEL：022-362-0251

おすすめの一本

阿部勘《あべかん》
純米辛口

米 まなむすめ60%
度 15%
日 +5~7
¥2,300（税抜）／1800㎖、
¥1,150（税抜）／720㎖

シンプルな辛口酒

阿部勘を知るには一番の酒。米の旨味も感じ、強い酸味があるため、後味が引きしまる。一口目の料理を引きずらずに二口目を楽しめる。

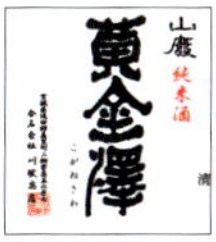

宮城県

川敬商店《かわけいしょうてん》

女性蔵元であることを生かし、人の心に寄り添えるような穏やかな酒を造りたい

女性蔵元として働く川名由倫さん。10年ほど前までは杜氏を呼んでいたが、本当に届けたい酒を造りたいと、現社長が杜氏となる。

「以前はいかにも山廃のクセあるタイプでしたが、山廃仕込みについて勉強や研究を重ね、芯の部分は残しながらも、するする飲める食中酒タイプに改善しました」

この手法を守り続けたいと、杜氏の川名由倫さん。

「女性が日本酒を飲みたいときって、悲しいときが多いらしいんです。日本酒を飲むことで心が開放される……。将来は、女性の心がわかる杜氏として、そんな感情に寄り添える酒も造っていきたいと思います」

酒屋の声

『黄金澤』と『橘屋』という銘柄が人気。全国新酒鑑評会で、12年連続金賞を受賞した実力の蔵です。蔵独自の山廃仕込みで酒を仕込んでいます。／阿部酒店

酒蔵DATA
住所：宮城県遠田郡美里町二郷字高玉6-7
TEL：0229-58-0333

おすすめの一本

黄金澤《こがねさわ》 山廃純米酒

米 宮城県産ひとめぼれ60%
度 16%
日 +1.5
¥2,330（税抜）／1800㎖、¥1,100（税抜）／720㎖

重さを感じさせない酒

地元宮城の原料を使い、その土地で醸した酒。自然の力で造っているためどんな温度でも形が崩れない。山廃が苦手という方にもおすすめ。

Notes データ① 日本酒の蔵元数は1600以上。そのほとんどは家族で経営する小規模な蔵である。

山形県

鈴木酒造店

すずきしゅぞうてん

水質や地域性は違えども、復興酒として磐城壽らしい酒を造り続ける

福島県浪江町で、地元の新鮮な魚介に合う酒として愛されていたが、東日本大震災で被災。山形に蔵を移し、環境の異なる新天地で酒造りに邁進する。

「『新鮮な食材の持つ香りを引きたたせる酒』というコンセプトは変えていません。山形は新鮮な山菜が多く採れる場所。料理の香りを楽しむ酒という点は、共通していいます」と、蔵元兼杜氏の鈴木大介さん。移転4年目にして9割の酒米が契約栽培となるなど、酒質も安定している。

「近々、米糠や酒粕などの副産物を肥料にして米を再生産する、循環型農業を取り入れます。原料から酒質をコントロールしたいです」

酒屋の声

品質向上のための設備投資も少しずつ進み、気候の違う新天地での酒造りも精度が増しているとともに、山形・福島両県での米の契約栽培も軌道にのりつつあります。／山中酒の店

酒蔵DATA
住所：山形県長井市四ツ谷1-2-21
TEL：0238-88-2224

おすすめの一本

磐城《いわき》壽《ことぶき》 レギュラー純米酒

米 出羽燦々65%
度 15%
日 +2
¥2,400（税抜）／1800㎖、
¥1,200（税抜）／720㎖

磐城壽シリーズ代表の酒

酒造好適米を100％使用しており、雪室で貯蔵している。米の味がしっかりとしており、常温までは滑らかに、熱燗ではキレのある辛口に。

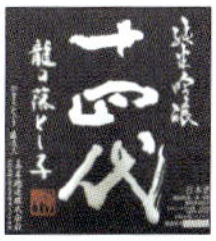

山形県

高木酒造《たかぎしゅぞう》

日本酒の王道を造る蔵。日本酒業界を支える

「帰蔵したときは『淡麗辛口』時代でしたが、私が子どもの頃に蔵で感じていた蒸し米や酵母の持つ甘く華やかな香りが本物だと信じ、今でいう『芳醇旨口』のような酒を造り続けました。ただ、毎年米や気候、蔵人が変わるので、変わらない伝統の味わいにしようという思いはありません」と、『十四代』を手がけた15代目専務の高木顕統さん。今や幻の酒として知らぬ人はいない十四代。目指すは世界の人々がわざわざ飲みに来たくなる酒だという。

「やはり、地元の気候風土の中で飲んで頂くのが一番なので、『十四代を飲みたい』と、山形に来てくれるまでに認められたいです」

酒屋の声

レベルが高く、安定した品質が特徴です。そして、とにかくキレが素晴らしいです。ブラインドテイスティングをしてみても、ほかとはレベルの違いを感じます。／かき沼

酒蔵DATA
住所：山形県村山市富並1826
TEL：0237-57-2131

おすすめの一本

十四代《じゅうよんだい》 純米吟醸 龍《たつ》の落《お》とし子《ご》

米 龍の落とし子50%
度 16%
日 ±0
¥3,210（税抜）／1800mℓ

辰年にデビューした酒

高木酒造の自家製米として造られる龍の落とし子。栽培から製造まで長い年月をかけて誕生した酒で、キレがあり飲み飽きしない。

 Notes データ② 日本酒の年間製造量は約44万kl（平成25年、国税庁「酒のしおり」）。

群馬県

龍神酒造《りゅうじんしゅぞう》

麹造りに自信があるからこそ、純米大吟醸を

7割を純米大吟醸の吟醸蔵にした杜氏の堀越秀樹さん。すっきりから旨味を感じる酒質に転換するため、力強い麹造りを追求した。

「市場を広げるため、酒を若い世代向けにしました。米の旨味が全面にでた軽快なもの。米の旨味をだすためには、しっかりとした麹を作ることが必要ですが、しっかりしすぎては重たい酒となるので、調節が難しいです」

それでも麹を一から作り直すリスクを背負えたのは、チームワークがあったから。

「蔵人は6名で、18年同じメンバーです。泊まり込みで麹の面倒を見ますが、意思の疎通や信頼が築けているからこそ、挑戦できました」

酒屋の声

限定流通商品の『龍神』を中心に、醸す酒は時代に合わせ、全て大吟醸にしています。また、将来の流通も見据えるなど、研究熱心な蔵元です。／小山商店

酒蔵DATA
住所：群馬県館林市西本町7-13
TEL：0276-72-3711

おすすめの一本

龍神《りゅうじん》 純米大吟醸 山田錦

米 山田錦50%
度 15%
日 -
¥3,130（税抜）／1800mℓ

飲み続けられる酒

龍神の味わいを代表する酒。ふくよかな香りに米の旨味をだしつつ、最後のフィニッシュは軽いため、飲み飽きしない。

東京都
豊島屋酒造《としまやしゅぞう》

日本酒に抵抗のあった人にもおすすめの酒。日本酒入門の扉になりたい

次期蔵元の田中孝治さんは、さまざまな意見を取り入れ、品質向上を目指す。

「以前はスーパーなど、集客がありいかに単価を安くするかという条件の場所に置いていましたが、地酒専門店に置くと、お客様からの声が直接届くようになりました。また、蔵元や杜氏などの集まる日本酒勉強会に参加し、タンク貯蔵を瓶詰めして冷蔵貯蔵に変えるなど醸造の知恵をもらい、品質向上に努めました」

多くの知恵と知識から導き出したのが『わかりやすい酒』。

「どんな人が飲んでも口当たりがよく、甘めでキレのよい酒質の日本酒です。初めて飲む人にも受け入れて頂きやすいものにしています」

酒屋の声

東京の東村山。消費地である東京から旨い酒を全国に発信したいとの思いで、ジューシーで旨味のあるフレッシュな酒を生産しています。／福原酒店

酒蔵DATA
住所：東京都東村山市
久米川町3-14-10
TEL：042-391-0601

おすすめの一本

屋守《おくのかみ》
純米中取り
無調整　生

米 広島県産八反錦55%
度 16%
日 ±0
¥2,770（税抜）／1800mℓ、
¥1,460（税抜）／720mℓ

フレッシュでキレのよい酒

「東京の酒も地方銘醸と同じ枠に入れる」との思いで造った酒。搾ってからすぐに瓶詰めするため、酒質は香りがありながらもやや発泡している。

Notes データ③　日本酒の年間消費量は約58万kl（平成25年、国税庁「酒のしおり」）。

新潟県

青木酒造《あおきしゅぞう》

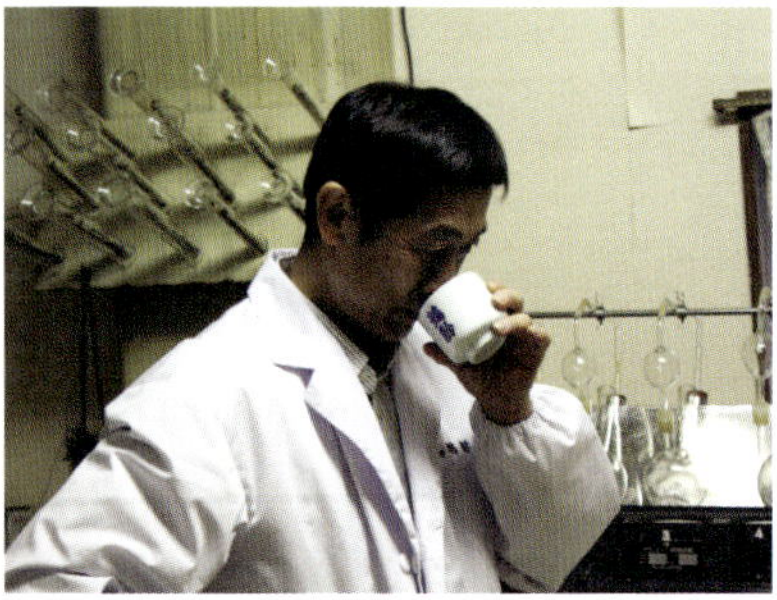

新潟でしか栽培できない米『越淡麗』を使い、スター性抜群の酒を醸す

　よりよいものを造るため、仕込みの方法をがらっと変えたという営業部長の阿部勉さん。20年前までは地元で愛される普通酒の生産が多かったが、これからの日本酒事情に合わせ、特定名称酒を造る方向に転換した。

「今までよりも丁寧に造れるよう、一本ずつ温度管理できる小さなタンクを、21本増設するところから始めました」

　使用する米にもこだわる。

「新潟の酒造好適米である、『越淡麗』を使用しています。新潟の地でしか栽培できず、新潟の蔵でしか使えないんです。酒質としても、うちの目指す淡麗旨口によくフィットしますし、使用量はどの蔵にも負けないと思います」

酒屋の声

純米無濾過の生原酒を、タイプの違う原料米を使ってそれぞれ醸造しています。当店からのおすすめは、『魚沼産越淡麗　純米原酒』です。／ふくや商店

酒蔵DATA
住所：新潟県南魚沼市塩沢1214
TEL：電話025-782-0023

おすすめの一本

鶴齢《かくれい》
純米吟醸

米 越淡麗55%
度 15～15.9%
日 +0.5
¥3,000（税抜）／1800㎖、
¥1,500（税抜）／720㎖

軽やかできれいな純米酒

新潟の酒造好適米『越淡麗』を使う。一杯飲んで米の味を楽しみ、口の中で消えていくタイプの酒。食中酒としてもおすすめ。

新潟県

宮尾酒造《みやおしゅぞう》

文政2年から長年培った高い技術は今も変わらず、ブレのない味わいを造り続ける

「高品質な酒造好適米を、自社精米して仕込みに使います。各製造工程でも、これまでのデータや技術を踏まえて、蔵人が一丸となってよい酒を造るよう心がけています。昔から、日本酒は酒だけで楽しむものではないと考えており、それは今でも変わっていません。酒質も『香り穏やかで飲み飽きしない味』を継承し続けていきたいです」と、代表取締役の宮尾佳明さん。また、全国でも早くから純米酒造りを始める。「純米酒造りはうちの酒造りの原点ともいえ、昭和40年頃から始めています。技術や経験が積めるのはもちろん、手間をかけた分だけよい酒ができるのです」

酒屋の声

長年続く人気銘柄で、時の流れにも乗らず、粛々と淡麗旨口の酒を醸しています。造る量も毎年ほぼ同じ。生産量を増やさず、丁寧な酒造りをしています。／鈴木三河屋

酒蔵DATA
住所：新潟県村上市上片町5-15
TEL：0254-52-5181

おすすめの一本

〆張鶴《しめはりつる》 純米吟醸 山田錦

米 山田錦50%
度 16%
日 +1.5
¥3,500（税抜）／1800㎖、
¥1,770（税抜）／720㎖

香味豊かなスリム酒

兵庫県で採れる高品質な酒米、山田錦を100%使い込む。上品で穏やかな香りと軟らかな味わいの純米吟醸酒。

Notes データ④　日本酒の生産量がもっとも多い都道府県は兵庫県、第2位は京都府。

石川県

松浦酒造《まつうらしゅぞう》

3年前から全量純米、全量限定吸水蔵となり、究極の食中酒を追求する

3年前から醸造ラインナップを大きく革新した杜氏の松浦文昭さん。

「蔵人が少なくなったことをきっかけに、限定吸水という手法で純米酒のみを造っています。限定吸水とは、米の吸水率を均一にするため少量ずつ手洗いする方法で、味が軽快になるんです。また、純米酒は自然の恵みが自然の摂理で仕上げた自然のバランスとなるので、料理との相乗効果を得られます」

また、伝統酵母にもこだわる。

「先代杜氏の金沢酵母の純米吟醸がとてもおいしく、この味を守ろうと思いました。酒質としては、非常に穏やかで透明感があり、後味がきれいに消えていきます」

酒屋の声

『どんな料理も引き立てる名脇役』がコンセプト。穏やかな味わいのものばかりですが、どれを飲んでも、あれに合わせよう！ これに合わせたい！ などとイメージが浮かびます。／伊勢五本店

酒蔵DATA
住所：石川県加賀市
山中温泉冨士見町オ50
TEL：0761-78-1125

おすすめの一本

獅子《しし》の里《さと》 活性純米吟醸 鮮《せん》

米 八反錦60%
度 13%
日 —
¥1,800(税抜)／500mℓ

新鮮な含み香の酒

20年前から醸している微発泡酒。料理との相乗効果があり、いろいろな食材と合う。軽やかな泡がアクセントとなり、乾杯酒としてもおすすめ。

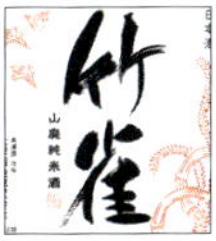

岐阜県

大塚酒造《おおつかしゅぞう》

昔からある山廃造りを中心に、米の旨味とおいしい酸味を引き出す

子どもの頃から蔵仕事に憧れを抱いていたという6代目蔵元の大塚清一郎さん。

「醸造用乳酸は一切使わずに、自然な流れで酒造りをしたかったんです。そのため、天然の乳酸菌を使って乳酸発酵させる、昔ながらの山廃酛造りを取り入れることにしたんです」

また、強い酵母を育てることにも力を入れている。

「酵母が弱いと、発酵が鈍り、余計な味が多くなり、味わいが重くなります。私はしっかりと発酵させることにより、米の旨味を最大限に引きだし、食事と共に楽しんで頂ける酒を醸したいんです。この酒質をだすためには、強い酵母が不可欠です」

酒屋の声

若夫婦が2人でがんばる蔵。『竹雀』は燗にすると最高です。／阿部酒店

小さな蔵だが、現在代を継いだ若い蔵人が山廃を中心に、少量を丁寧に造ります。／リカーショップオオタケ

酒蔵DATA
住所：岐阜県揖斐郡池田町池野422
TEL：0585-45-2057

おすすめの一本

山廃無ろ過生原酒　26BY
竹雀《たけすずめ》

米 山田錦・五百万石60%
度 17.5%
日 +4
¥2,700（税抜）／1800mℓ、¥1,350（税抜）／720mℓ

通好みの燗酒

米の旨味と酸味がほどよくあるため、食中酒に最適。また、ぬる燗やお燗にして飲むのも、熟成香が軟らかくなりおすすめ。

Notes データ⑤　日本酒のひとり当たりの消費量がもっとも多いのは新潟県、もっとも少ないのは鹿児島県。

静岡県

青島酒造

あおしましゅぞう

静岡の伝統技法や酒質を受け継ぎ、前向きな意味で変えずに守っていく

「この土地でしかできない酒造りを継続するため、私自身が杜氏となりました。蔵人全員を年間雇用の正社員にし、出荷までの全工程を同じメンバーで行っています」

と、杜氏の青島傳三郎さん。

「特別本醸造と特別純米については、静岡の志太杜氏という杜氏集団が継承してきた志太流という流儀で仕込んでいます。また、吟醸類については、私の師匠であり、静岡酵母を発見した川村傳兵衛先生が開発した低温長期発酵の吟醸造りを受け継いでいます。新しい機械や酒質が増える中、伝統的な技法を使っていくことで、安定した変わりようのない日本酒を造り続けているのです」

酒屋の声

高度な造り手の技術により、ブレのない安定した味を造り上げています。純米吟醸『松下米』は、地元藤枝市、松下弘明氏の作る有機無農薬米の山田錦で醸しています。／鈴木三河屋

酒蔵DATA
住所：静岡県藤枝市上青島246
TEL：054-641-5533

おすすめの一本

喜《き》久《く》酔《よい》
純米吟醸

米 山田錦50%
度 15~16%
日 +6.0
¥2,000(税抜)／720㎖

やさしい静岡の味

穏やかな香り、丸くてきれいな味わいとキレのよい喉越しが飲み飽きしない酒。伝統流儀の酒質の特徴が一番わかりやすい商品だ。

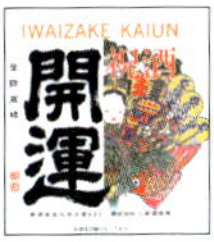

静岡県

土井酒造《どいしゅぞう》

『静岡酵母』発祥の蔵で、静岡の吟醸を世に広めるなど、地酒を引っ張る

昭和50～60年にかけ静岡酵母の実験酒蔵として貢献し、分離された酵母は現在も、静岡県の代表酵母として使われている。

「味に関係ないところはどんどん機械化して体への負担を減らし、五感に集中できる環境を心がけています」

と、蔵元の土井弥市さん。

『開運』は水の恵みで完成。「原料水は地元の湧き水で、発酵がよく加工なしで使えます。軟らかい口当たりは、この水が造ってくれます」

酒蔵としていち早く、地球環境に配慮する装置を導入。「蔵から出る排水は、微生物を利用した排水処理施設で処理。また、太陽光発電で、電力の約50%を作っています」

酒屋の声

開運は自社酵母として無償提供している徳高い蔵元で、静岡を代表する銘醸造。／丸河屋　年を重ねるごとに品質向上しており、今年は特にうまく熟成中です。／シマヤ酒店

酒蔵DATA
住所：静岡県掛川市小貫633
TEL：0537-74-2006

おすすめの一本

開運《かいうん》 純米吟醸 山田錦

米 兵庫県特A地区山田錦50%
度 16～17%
日 +6
¥3,400（税抜）／1800㎖、
¥1,700（税抜）／720㎖

優れたタンクから厳選された酒

高い技術と高品質の原料米を駆使して造られた。フルーティーで心地よい香りとまろやかな味わいのバランスが絶妙。

Notes データ⑥　日本酒の輸出相手国の1位はアメリカ。海外への輸出量は年々増加している。

京都府

松本酒造

まつもとしゅぞう

大手酒蔵がひしめく京都で、若き蔵元が量産ではなく品質で勝負をする蔵

現在は9代目蔵元の松本保博さんの子息、圭輔さんと杜氏で弟の日出彦さんが中心となり酒造りを行う。造りの上では、『1蒸し2蒸し3造り』を大切にする。

「原料を一番大事にしています。米の甘味や旨味が生きる純米酒こそが本来の清酒であり、うちの酒は、そうありたいと考えています」

お客様にも、原料米の素晴らしさを感じてほしいという。

「米は、品種名だけでなく産地で選びます。お客様にもそこを感じてもらいたい。酒は特定名称酒で選ぶことが多いと思いますが、米の産地や育った田んぼの素晴らしさなども考えて選んでもらえると嬉しいですね」

酒屋の声

大手酒蔵がひしめく京都の地で、若き蔵元が引っ張っている蔵。京都の地酒を、量ではなく質で勝負しています。／かがた屋酒店

酒蔵DATA
住所：京都府京都市伏見区
横大路三栖大黒町7
TEL：075-611-1238

おすすめの一本

澤屋《さわや》まつもと 雄町 純米吟醸

米 雄町55%
度 16%
日 +4
¥3,100（税抜）／1800㎖、
¥1,550（税抜）／720㎖

シンプルですらっとした酒

雄町の野性的な味わいを、フレッシュでエレガントに楽しめる。肉から魚まで、幅広い料理と一緒に飲むことができる。

兵庫県

田治米合名会社《たじめごうめいがいしゃ》

『一粒の米にも無限の力あり』のコンセプトのもと、米らしさを発揮させる仕込みをする

仕込みを完全手造りに変え、少量生産でより丁寧な酒を醸す、代表の田治米博貴さん。一番のこだわりは、酒質に地元らしさをだすこと。「米を見る前に、農家さんとコミュニケーションを取り、顔が見える状態でタッグを組むか決めます。たとえば、今回おすすめさせて頂く『純米吟醸　幸の鳥』は、農薬を一切使わないで作る、『コウノトリ育む農法』で栽培された酒米を使っています。地域の方と協力して作るので、地元らしさが詰まっています」

また、派手でない単一酵母（七号酵母）を使う。「試行錯誤した結果、自然な米の香りの熟成酒に向くのが、7号酵母でした」

酒屋の声

熟成によって飲み頃を迎えた酒を出荷する体制を整え、燗酒が抜群に旨いです。辛口の中に米の甘味もあり、飲むほどにその旨さに気づかされます。／酒商山田

酒蔵DATA
住所：兵庫県朝来市山東町矢名瀬町545
TEL：079-676-2033

＼おすすめの一本／

竹泉《ちくせん》
純米吟醸
幸《こう》の鳥《とり》

米 特別栽培米五百万石60%
度 15%
日 +5
¥5,000（税抜）／1800㎖、¥2,500（税抜）／720㎖

コウノトリ育む農法米の酒

まさに但馬の味がするような、自然と調和した酒。熟成香と米の旨味がしっかりとあり、料理と一緒に、冷酒でもお燗でも楽しめる。

Notes データ⑦　日本酒の生産量全体に占める特定名称酒の割合は約3割である。

和歌山県

名手酒造店《なてしゅぞうてん》

酒屋さんで目当ての酒がなかったときに、手に取ってもらえるような酒でありたい

長年ブレずに造り続ける純米酒の質は高い。特に、原料米については生産者との意見交換を欠かさない。「毎年社長が直接産地まで行き、生産者と結果や現状の報告をし合っています」と、杜氏の岡井勝彦さん。

「地酒というからには、きちんと地元で愛される酒でありたいんです。そのため、うちの蔵では手の届きやすい純米酒を造り続けていました。あとは、酒屋さんでどれを買おうか迷ったとき、この酒なら間違いない、という感覚で親しまれることを目指しています。お気に入りまではいかなくても、晩酌用としてならこれが安心という位置にいたいですね」

酒屋の声

甘さがありながらキレもあり、コストパフォーマンスが素晴らしい。酒屋に味の感想を聞くなど、市場調査をして今売れる酒を造ります。／シマヤ酒店

酒蔵DATA
住所：和歌山県海南市黒江846
TEL：073-482-0005

＼おすすめの一本／

純米酒
黒牛《くろうし》

米山田錦50%（麹、酒母米）、酒造好適米60%（掛米）
度15.6%
日+0.5

温度を選ばない食中酒

食中酒として、冷やしても温めてもずっと飲み続けられる。軟らかい香りで、米の旨味を引き出した幅のある味わいが特徴。

佐賀県

東鶴酒造

あずまづるしゅぞう

生まれ変わった東鶴。佐賀の風土をさらに上のレベルで表現したい

一時休業していた酒造りを復活させたのが、6代目蔵元の野中保斉さん。目指すは、食中酒でも単体でも楽しめる酒だという。

「佐賀の酒は風味豊かでやさしい味わいなので、バランスを取るのに適しています。うちでは佐賀米を使い、米の旨味を全面に押し出したフレッシュな酒質を大切にしています」

また、ラベルにもこだわる。

「これまでのラベルは日本酒らしい渋いものでしたが、フレッシュできれいな酒質との違和感を感じていました。そのため、同級生でデザイナーの北島さんと、白地ベースなど、シンプルなものに変えていきました」

酒屋の声

佐賀県の中では若手ナンバーワン。杜氏になって7年目、毎年新しいことにチャレンジします。／酒舗まさるや

一時休業から復活し、年々洗練されたバランスのよい酒です。／福原酒店

酒蔵DATA

住所：佐賀県多久市東多久町別府3625-1

TEL：0952-76-2421

おすすめの一本

東鶴《あずまつる》

純米吟醸

山田錦

米 山田錦55%

度 16%

日 +1

¥3,000(税抜)／1800mℓ、¥1,500(税抜)／720mℓ

6代目がずっと醸す酒

吟醸酒であっても、派手ではないので食中酒向き。山田錦の繊細な旨味を表現した、東鶴らしいやさしい味わいとほのかな香りが特徴。

Notes データ⑧　特定名称酒の中では、純米酒の製造量がもっとも多い。

長崎県

重家酒造《おもやしゅぞう》 横山蔵《ヨコヤマグラ》

『記憶に残る酒』を目指し、ご縁に恵まれ復活した日本酒造り

麦焼酎発祥の地といわれる壱岐・対馬で、壱岐焼酎を造る横山太三さん。23年ぶりに、『壱岐島の日本酒』を復活させた。

「きっかけは尊敬する酒屋さんに、『東洋美人』の澄川酒造さんを紹介してもらったことです。澄川社長には壱岐の日本酒を造りたいという思いを受け入れてもらい、住み込みで造って完成したのが『横山五十』です」

わずか2期目にして、業界からの評価は高い。

「『記憶に残る酒』として、一回飲んで終わりではなく、『ほかの酒とは違うな』というような個性的な酒を目指しています。酒質的には、香り高く、味わい深いものです」

酒屋の声

今年2年目のチャレンジでこれだけ高レベルな酒ができるのかと度肝を抜かれた。ここ数年で一番感動した酒です。酒造り復活にかける情熱が生み出した、渾身の酒。／酒商山田

酒蔵DATA
住所：長崎県壱岐市
郷ノ浦町本村触704
TEL：0920-47-0036

おすすめの一本

横山五十《よこやまごじゅう》 純米大吟醸 白ラベル

米 兵庫県特A地区山田錦、山口県産山田錦50%
度 16%
日 —
¥3,676（税抜）／1800mℓ

ワイングラスで飲みたい酒

ファーストドリンクとして飲める究極の酒。甘酸っぱくフレッシュな酒質のため、ワイングラスで香りを楽しむのもおすすめ。

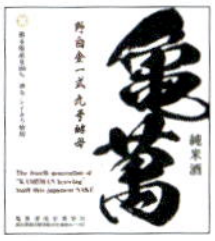

熊本県

亀萬酒造

かめまんしゅぞう

熊本酵母を使い南端氷仕込みで醸す、まさに『熊本の酒』

熊本の最南端から熊本の酒を発信する蔵。4代目蔵元の竹田瑠典さんは、『酒の神様』といわれる野白金一さんが発見した熊本9号酵母を使う。「熊本9号酵母が発見されてから60年、酒屋さんから熊本酵母で地酒をもっと盛り上げられないか、と言われたのがきっかけです」

また、気温が高い九州ならではの南端氷仕込みを推奨。「醪を冷やすのに、ただ周りを冷却するだけでは温度が下がりきらないんです。そこで、水を少なくして氷を入れるという、独自の手法で温度を下げます。地元の原料や製造法で造る、料理を邪魔しない穏やかな『亀萬』を、熊本の味と認識してもらいたいです」

酒屋の声

熊本9号酵母にこだわった酒造りをする、日本最南端に位置する蔵。多量の氷水を加えて醪の温度を調整する『南端氷仕込み』という独自の方法で造る。／酒舗まさるや

酒蔵DATA
住所：熊本県葦北郡津奈木町津奈木1192
TEL：0966-78-2001

おすすめの一本

亀萬《かめまん》 純米 野白金一式九号酵母

米 熊本産神力・レイホウ60%
度 15%
日 +3
¥2,619（税抜）／1800mℓ

濃い味の料理にも合う酒

ほどよい香りとコクがありながら、すっきりとしたやや辛口の酒。九州料理以外に、こってり系の料理との相性もよい。

Notes 日本酒の単位① 日本酒の量は、現在でも「尺貫法」という伝統的な単位で表すことがある。

日本酒全国酒販店めぐり

全国には個性豊な酒販店がたくさんある。その中でも極上の酒のみを置く酒販店を紹介。

秋田県

まるひろ商店

秋田の秘境で出合えるおいしい地酒

秋田の地酒や全国の希少な酒など、約500種類の日本酒を取り扱う。酒は、おいしいだけでなく、醸造にこだわっているなどの＋αを持つ酒のみをセレクト。また、ガラスには全てUVカットを施工し、照明は紫外線対策でLEDを使い、品質管理をする。店主とスタッフである愛猫が出迎えてくれる。

お店から一言！

佐藤亘さん
上級者には「酸が心地よく引き締まるタイプ、甘みを除いたすっきり系」が人気です。

DATA

住所：〒015-0501
秋田県由利本荘鳥海町伏見字川添52-9
電話番号：0184-57-2022
営業時間：AM7:00～PM9:00
定休日：不定休（1月1日のみ定休）

宮城県

阿部酒店

宮城を中心に東北の酒が豊富

宮城の小さな蔵のあまり出回らない酒を中心に約25蔵100種類の酒を取り扱う。東日本大震災ではほとんどの蔵が被災し、現在は最新の設備で酒造りを行っている。店主はそんな蔵元を応援し、酒造りに懸ける思いをお客様に伝え、提供する。HPにある「阿部酒店コラム」では酒情報などがチェックできる。

お店から一言！

阿部隆之さん
定番酒以外に、四季折々のすっきりとしたキレのある酒も人気が高いです。

DATA

住所：〒980-0865
宮城県仙台市青葉区川内亀岡町12
電話番号：022-223-9037
営業時間：平日AM8:30～PM9:30
日曜日・祝日AM9:00～PM7:00
定休日：年中無休（元旦・冠婚葬祭を除く）

宮城県

地酒と葡萄酒 錦本店

純米酒のみを扱う評価の高い酒屋

知名度にとらわれず、おいしい純米酒のみを、東北を中心に約40種類取り扱う。平成24年度には仙台販売士協会による「仙台・いい店みっけ」に表彰された、今後も注目の酒屋である。お客様の要望に合ったものを唎き酒師であるスタッフが選び出し、飲むときの温度や、料理との相性などを丁寧に教えてくれる。

お店から一言！

佐久間裕喜さん
香りが控えめで米の旨味を感じる酒や、すっきりとした旨味のある酒が売れています。

DATA

住所：〒980-0012
宮城県仙台市青葉区錦町1-2-18
電話番号：022-224-1411
営業時間：AM11:00～PM8:00
定休日：日曜日・祝日

山形県

酒屋源八

山形が誇る地酒がズラリと並ぶ

山形の豊富な名水で織り成された酒を中心に、全国各地の酒を取り扱う。約30蔵150種類以上の、酒の個性とその造り手の人柄を見て、店主が売りたいと感じる酒を選んでいる。品質管理は、各蔵で保管されている状態に近くなるよう、3種類の温度別の保管庫で管理。木を基調とした店で、酒選びが楽しめる。

お店から一言！

日下部昌樹さん
冷酒好きはフルーティーな酒、燗酒好きは熟成酒と分かれ、好まれています。

DATA

住所：〒999-3511
山形県西村山郡河北町谷地字月山堂684-1
電話番号：0237-71-0890
営業時間：AM9:00～PM7:00
定休日：水曜日

福島県

橘内酒店

清潔で酒選びしやすい魅惑の空間

すっきりとした酒の陳列をはじめ、全体的に落ち着いた雰囲気の店内に好感を持つ。笑顔が似合う明るい店主がお客様に分かりやすく商品を提供するために、酒にはコメントを表示。照明も全てLEDを使用、紫外線対策での品質管理もしっかり行う。優秀な酒が多い福島の酒をメインに、約120種類を取り扱う。

お店から一言！

橘内賢哉さん
酸味が高く、キレのよい軽快な味わいの日本酒が今流行っていて、よく売れています。

DATA

住所：〒960-8254
福島県福島市南沢又字河原前73-52
電話番号：024-558-5553
営業時間：AM10:00～PM8:00
定休日：年中無休

福島県

清水台平野屋

流行にとらわれず、こだわりを扱う

「素材」を大切にし、香りに偏らず味わいのバランスが取れた。純粋な「純米酒」のみを約200種類取り扱う。店内に並ぶ日本酒は、本物の酒しか売らない一本筋の通った店主による珠玉のセレクトで、酒に合った貯蔵温度で保管する。また、酒を味わうイベントも定期的に開かれ、秀逸な出来の酒が楽しめる。

お店から一言！

野内哲夫さん
今ブームの香りや味わいの酒ではなく、蔵元の個性が強い純米酒が当店では人気です。

DATA

住所：〒963-8005
福島県郡山市清水台2-5-9
電話番号：024-932-0373
営業時間：AM9:00～PM8:00
定休日：日曜日

埼玉県

春山酒店

店主が惚れた蔵元の酒が揃う

創業30年、風格を感じる立派な壮観の酒屋である。取り扱う酒は約50種類で、味わいが自分の好みと合うか、蔵元との会話が取れるか、蔵元の将来性、次世代のやる気ある後継者がいるかで決めるという店主。「酒泉の会」という利き酒の会を主催しており、全国の卓越した酒を皆で飲み比べてたしなむ。

お店から一言！

春山伊嘉さん
安定して人気なのが、超辛口酒などの個性が強い酒。この酒でないともうダメという方も。

DATA

住所：〒963-8005
埼玉県戸田市笹目南町24-82-5-9
電話番号：048-421-1885
営業時間：AM9:00～PM7:00
定休日：日曜日・祭日

Notes 日本酒の単位② 1合＝180ml、1升＝1.8ℓ、1斗＝18ℓ、1石＝180ℓ となる。

東京都

季節を感じる酒選びができる

かがた屋酒店

「売れるものは売らない。売りたいものを売る」をモットーに、約70蔵400種類の日本酒を取り扱う。店内には、店主がお客様に伝えたい、季節感を楽しめる商品が並ぶ。味わいの幅が広い豊富なラインナップが並ぶ店内は、有名銘柄でなくてもおいしい酒が潤沢で、お気に入りの一本が見つかるかもしれない。不定期に、若い世代にも日本酒を楽しんでもらうため、クラブで日本酒を楽しむイベントも開催している。

お店から一言!

野澤善行さん
甘味と酸味のバランスのいい酒や、火入れでありながらもフレッシュ感のある酒が流行りだと思います。

DATA

住所：〒142-0062
東京都品川区小山5-19-15
電話番号：03-3781-7005
営業時間：AM10:00 ～ PM8:00
定休日：水曜日

東京都

出荷時の状態を保つ管理に力を入れる

ふくはら酒店

おいしさ、面白さ、値段を念頭に置いて選んだ全国各地の約400種類の日本酒を取り扱う、スタイリッシュでお洒落な外観と内観が印象の酒屋。日本酒をお客様に提供する際に、蔵元から出荷された酒の性質を損なわないよう、品質管理の面では、吟醸酒や生酒は0度で冷蔵したまま商品を陳列して管理。また、美濃焼、備前焼などの高級な酒器も取り扱う。特別な酒器で飲む日本酒は格別な一時をもたらすだろう。

お店から一言!

福原敏昭さん
フレッシュで酸味があり、若干ガス感のあるスパークリングタイプの日本酒がよく売れます。

DATA

住所：〒110-0016
東京都台東区台東3-6-8
電話番号：03-3831-2235
営業時間：
平日AM9:00 ～ PM8:00
土曜日AM9:00 ～ PM7:00
定休日：日曜日・祭日・第2、第4土曜日

東京都

大正3年創業の信頼の厚い酒屋

小山商店

約350蔵1500種類以上の酒を取り扱う、立派な構えをした酒屋だ。お客様が求める酒質、店主が納得した酒、無名でも情熱がある、という三拍子揃った日本酒を選ぶ。お客様の好みを聞き、それに限りなく近い酒質のものを選び出すことと、また、店主から提案する飲んだことのないような新しい日本酒もおすすめすることを心がけている。多摩独酌会というおいしい日本酒をその時のテーマで探す勉強会も行っている。

お店から一言!

小山喜八さん
近頃は香りがほどよく旨味と酸味のしっかりとしたバランスのよい12～15度の原酒が人気です。

DATA

住所：〒206-0011
東京都多摩市関戸5-15-17
電話番号：042-375-7026
営業時間：
月～土曜日AM9:00 ～ PM8:00
日曜日AM10:00 ～ PM7:00
定休日：第３日曜日

東京都

酒に熱心なスタッフがお出迎え

伊勢五本店

隠れ家のような雰囲気の建物は若いスタッフを中心とした明るく活気溢れる酒屋だ。スタッフは定期的に社内勉強会を行い、酒の特徴を学んでいるため、気軽に相談することができる。また、店主おすすめの商品を中心に、常時30種類程度の試飲が可能だ。個性豊かで研究熱心な蔵元の信頼が置けるおいしい酒のみを置く。店内には約20坪の冷蔵庫を完備した、約１００坪の倉庫を持ち、豊富な種類の酒を管理している。

お店から一言!

丹羽雄一さん

果実のような香りと米の味が楽しめる、ジューシー感がある少し甘口の日本酒が売れています。

DATA

住所：〒113-0022
東京都文京区千駄木3-3-13
電話番号：03-3821-4557
営業時間：
月〜土曜日AM10:00 〜 PM7:00
定休日：日曜日・祭日・お盆休み・年末年始

東京都

酒のつながりによる一期一会を大事にする

鈴木三河屋

約50蔵３００種類の日本酒を幅広く揃えた酒屋だ。店主は、造り手の人柄が酒の味わいに反映されると考え、丁寧で実直な蔵元の酒を選ぶため、必ず蔵元に足を運ぶ。蔵元の酒造りへの思いを届けるため、スタッフ全員で日本酒をテイスティングし、お客様に正確に味の特徴を伝えることを心がける。また、品質に影響を及ぼす光と振動から酒を守るため、プレハブ冷蔵庫4台で保管熟成させて管理している。

お店から一言!

鈴木修さん

香りがほとんどしない、米の上品な甘味と旨味を持つ酒は料理にも合うのでよく売れています。

DATA

住所：〒107-0052
東京都港区赤坂2-18-5
電話番号：03-3583-2349
営業時間：
月〜金曜日AM11:00 〜 PM7:00
土曜日AM 12:00 〜 PM5:00
定休日：日曜日・祝日

神奈川県

日本酒文化を国内外に発信する

横浜君嶋

料理の邪魔をせず、人工的ではない香りや味があり、造り手の顔が見えるような酒のみを約２００種類を取り扱う。初めの一杯だけが旨い酒ではなく、何杯か飲んだときにさらに旨いと感じる酒をお客様に提供することに努めている。酒は全て生産者別に陳列し、お客様に造り手を知ってもらうことが大事だと考えている。店主は日本酒文化を国内外に広めるために、日本酒セミナーなどのイベントも積極的に行っている。

お店から一言!

君嶋哲至さん

生酛、山廃でもクセがなく食事に合う酒。つまり、香りが穏やかで、味わいがある酒が人気です。

DATA

住所：〒232-0012
神奈川県横浜市南区南吉田町3-30
電話番号：045-251-6880
営業時間：
月〜土曜日AM10:00 〜 PM8:00
定休日：日曜日(祝日不定休)

Notes 日本酒の単位③　一般的な小売の日本酒は、1升瓶（1.8ℓ）または4合瓶（720ml）である。

東京都

新しい味わいを見つけられるヒントがたくさん
かき沼酒店

造り手の人柄や酒造りに対する誠実さ、こだわりの深さで選んだ全国の約70蔵300種類の酒を取り扱う。まるで雑貨屋のように酒や酒器が並ぶ店内で、家にいるような居心地よさを与える酒屋である。お客様の味覚を広げてほしいと数多くの商品の試飲を可能にし、ソファーでゆったりと味わえる。お客様の味覚を理解し、好みの酒を提供することを心がけつつ、新しい味わいの酒にも挑戦してもらいたい、と店主は言う。

お店から一言!

柿沼良さん
旨味と酸味、ガス感がありキレのよさを感じる酒や、吟醸華やかで旨味濃厚、後口がまとまる酒が流行です。

DATA

住所：〒123-0872
東京都足立区江北5-12-12
電話番号：03-3899-3520
営業時間：AM10:00 ～ PM8:00（土曜日は19:00まで）
定休日：日曜日・祝祭日・年始

東京都

明治35年創業、温故知新の心を知れる
籠屋 秋元酒店

味だけでなく蔵元の方針、酒造りへの強い思いなどが伝わってくるような酒を選ぶ。季節商品を含めた年間約1000種類の日本酒が店内を彩っている。火入れの酒は約20度、生酒は冷蔵庫で保存し、品質を保っている。明治創業の長く続く酒屋だが、若いスタッフが多く働いている。かつては、若き蔵元も酒造の勉強のために働いていたこともあるという。酒に対して情熱を持った人が集う向上心のある酒屋だ。

お店から一言!

横山太一さん
季節限定酒や微炭酸タイプ、酸味の強いタイプの酒などが全体的に売れ行きが伸びていますね。

DATA

住所：〒201-0016
東京都狛江市駒井町3-34-3
電話番号：03-3480-8931
営業時間：
火～土曜日AM9:00 ～ PM8:00
日曜日・祝日AM10:00 ～ PM 8:00
定休日：月曜日

東京都

漫画「美味しんぼ」に何度も登場した有名店
味ノマチダヤ

今は亡き先代会長の木村さんは、日本全国を渡り歩き、酒に実直に向き合い、小さい蔵のおいしい銘柄を探した。そんな先代の精神を受け継いでいる番頭が厳選した日本酒を販売している。流行りにとらわれず、気に入ったものだけを並べた、常時70～100種類が揃う。また地酒カップもとても豊富。持ち運び便利で、安価な値段で味比べができるのが嬉しい。味にこだわる店は、あらゆるおいしい地酒を教えてくれる。

お店から一言!

酒井雅芳さん
味わいが軽やかな酒や濃厚な酒でも、みずみずしい、ジューシーなタイプというのは人気がありますね。

DATA

住所：〒164-0002
東京都中野区上高田1-49-12
電話番号：03-3389-4551
営業時間：AM10:00 ～ PM6:30
定休日：火曜日

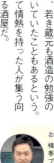

東京都

酒舗まさるや

おいしい酒に、おいしい企画がたくさん

約150蔵1000種類の酒は、店主自らが蔵元を訪ね造り手と会話し、利き酒をして吟味したもの。酒にはそれぞれ店主のコメントを表記した価格カードがついており、読みながら探すのも楽しい。毎月、「お誕生日おめでとう企画」というイベントも行っており、誕生日の方に特別なサービスを提供している。

お店から一言！

園部将さん
定番酒よりも季節商品が動き、特に爽やかな香りと清涼感をともなうの酒が流行です。

DATA

住所：〒195-0061
東京都町田市鶴川6-7-2-102
電話番号：042-735-5141
営業時間：AM9:00 〜 PM7:30
定休日：木曜日

東京都

鈴木酒販

保存、持ち運びに便利な四合瓶が充実

常時約200種類の日本酒が店内を埋め、自宅の冷蔵庫などに気軽に保管できるサイズで、持ち運びにも便利な四合瓶の品揃えも充実。店主は、品質はもちろん、蔵元との縁を非常に大切に考えている。小さい店なので、お客様が探しやすいように北日本から東日本へと見やすく陳列している。

お店から一言！

猪股達哉さん
香り華やかですっきりとした味わいの酒や、旨味と酸味のバランスがよい酒が人気です。

DATA

住所：〒110-0003
東京都台東区根岸5-25-2
電話番号：03-3802-8752
営業時間：AM11:00 〜 PM9:00
定休日：水曜日

千葉県

シマヤ みつわ台本店

味わいの幅が豊富でお気に入りが見つかる

火入れ酒は約16度、生酒は-2〜0度にて24時間管理している。お客様の用途によって好みや飲食シーンを考慮し、約100蔵1000種類以上の酒を選ぶ。豊富な種類の酒を取り揃えた店内はとても広く、2階はシマヤで扱う酒も提供している日本酒バルになっている。銘酒を選んだ後、一杯飲んでいくのも乙だ。

お店から一言！

今井郁次郎さん
香りがあるタイプや味わいがあるタイプ、冷酒などの酒が今飲まれています。

DATA

住所：〒264-0032
千葉県若葉区みつわ台3-14-23
電話番号：043-252-3251
営業時間：AM10:00 〜 PM8:00
定休日：年中無休

新潟県

ふくや商店

米どころ南魚沼の銘酒が集う

雪の多い南魚沼市では酒米を雪解け水で耕作するため、酒に澄んだ味わいを与える。そんな南魚沼市の銘柄を中心に年間約100種類の純米酒や生原酒のみを取り扱う。品質管理はもちろん、地酒の魅力を酒情報のみでなく、「南魚沼市の自然の恵があってこその日本酒」という観点でお客様と会話し、提供している。

お店から一言！

桑原毅さん
20〜40歳の方は、少し値段が高くても限定酒の特に純米酒を好まれる傾向です。

DATA

住所：〒949-6609
新潟県南魚沼市八幡19-6
電話番号：025-772-3267
営業時間：AM8:00 〜 PM9:00
定休日：日曜日（お盆・年末は除く）

Notes　日本酒の単位④　最近では、手軽に買えて飲みきりやすい300mlの小瓶も増えている。

静岡県

丸河屋酒店

少量生産で良質な静岡の酒が飲める

有名無名に線引きをせず、店主が自ら飲んで熟慮を重ねた酒を、静岡を中心に約25種類を取り扱う。ブームになっている酒はなるべく避けて、酒質、コストパフォーマンス、生産や仕入れの安定性を見ている。日本酒講座を依頼されるような講師の資格を持つ店主だからこそ、味のよい日本酒の提供に信頼が置ける。

お店から一言！

河原崎吉博さん
当店では、香り高くて丸くてきれいな味わいを好まれる方や、燗にして飲む方が多いです。

DATA

住所：〒420-0068
静岡県静岡市葵区田町2-104
電話番号：080-5100-7817
営業時間：AM9:30～PM6:30
定休日：日曜日・祝日・その他（※来店は事前予約が必要）

愛知県

秋貞商店

全ての酒飲みのために揃える

大正15年に開店して以来、現在まで多くの人々に酒のおいしさを伝え続けている酒屋。有名無名問わず、地元や全国の上質な酒のうち個性が光る銘柄を約40蔵250種類を扱う。店頭冷蔵庫や、バックヤードの4機の冷蔵コンテナで、火入れと生酒に分けて温度管理を行う。お客様には飲むシーンに合わせて提供している。

お店から一言！

明石仁志さん
初心者にはフルーティなタイプの酒、上級者には吟醸香が穏やかな銘柄がおすすめです。

DATA

住所：〒464-0074
愛知県名古屋市千種区仲田2-12-22
電話番号：052-751-0681
営業時間：AM9:00～PM8:00
定休日：日曜日・祝日

愛知県

リカーショップオオタケ

優れた地酒がすぐに買える

味はもちろん、造り手である酒蔵の思いや姿勢を見て、ともに世間に広げたいと思うような酒を約100蔵200～250種類を取り扱う。酒質が変化しないよう、生酒は冷蔵ショーケースを暗くして管理し、品質を保っている。また、朝から深夜まで営業しており、必要なときにおいしい酒を買うことができる。

お店から一言！

大竹淳也さん
今の酒は、ワインのような味わいで、お洒落に飲む感じが若い方に受けています。

DATA

住所：〒464-0848
愛知県名古屋市千種区春岡1-34-18
電話番号：052-751-1492
営業時間：平日AM10:00～PM0:00　日曜日・祝日AM10:00～PM9:00　定休日：年中無休

愛知県

吉田屋本店

「また来たい」と思わせる酒屋

味わい深い約50蔵の酒を取り扱う。看板の「月不見の池」は蔵元の近くの池の名が由来の酒で、仕込み水の源泉でもあり、吉田屋が自信を持ってお客様に提供をしている。また、全種類扱っているのも吉田屋だけであり、酒蔵との厚い信頼関係があるからこそ。大正6年創業の老舗酒屋は接客も懇切丁寧で常連も多数。

お店から一言！

足立務さん
最近は香りがよく旨味のある、芳醇旨口タイプの酒がよく売れています。

DATA

住所：〒461-0017
愛知県名古屋市東区東外堀町17
電話番号：052-951-1058
営業時間：AM9:00～PM9:00
定休日：日曜日・祝日（12月のみ無休）

愛知県

店主が感動した味の酒を揃える

知多繁

レンガ壁に大きな木の看板、周りに緑が多い、カフェのような雰囲気が漂う酒屋である。季節限定の商品も含め、常時約60蔵500種類を取り扱う。個性ある地酒を利き酒して、感動を呼び起こす味を選ぶ。店長ブログで掲載されているおすすめの日本酒と、その酒に合った料理やつまみの写真が我々の食欲を促す。

お店から一言！

小川裕久さん
蔵元の主張がはっきりとわかる酒にコアなファンがつき、定期的に飲まれています。

DATA

住所：〒466-0074
愛知県名古屋市昭和区池端町1-18
電話番号：052-841-1253
営業時間：AM9:00 〜 PM8:00
定休日：水曜日

愛知県

店主の出身地山形の酒も豊富

地酒 庄兼

慣れ親しんだ味を紹介したいと、山形の銘酒を含めた20〜30種類を扱う。造り手の考えに共感でき、お客様に飲んでもらいたいと思う酒だけを並べる。品質管理は生酒と一回火入れ酒は0度以下、二回火入れは15度以下で保管。造り手がどのような思いや考えで酒を造ったかということをお客様に伝えたいと言う。

お店から一言！

佐藤賢一さん
当店では特に東北の酒が人気で、お客様には女性の割合も増えています。

DATA

住所：〒475-0023
愛知県半田市亀崎町4-137
電話番号：0569-28-0219
営業時間：AM9:00 〜 PM8:00
定休日：木曜日

大阪府

イベントも豊富。食あっての酒がモットー

山中酒の店

冷蔵室にお客様も直接入り、酒を選ぶことが可能。食事とともに飲み続けられるタイプの酒を中心に、有名な銘柄にとらわれず、酸味や熟成感が突出しているなどの個性的な酒を約1000種類取り扱う。試飲や日本酒講座、日本酒と食材などをコラボさせたイベントも開催し、多角的に日本酒の可能性を見出している。

お店から一言！

井上勝利さん
食事に寄り添う穏やかな酒が人気ですが、個性が強い酒にも一定の人気があります。

DATA

住所：〒556-0015
大阪府大阪市浪速区敷津西1-10-19
電話番号：06-6631-3959
営業時間：月〜金曜日AM10:00 〜 PM7:00　土曜日・祝日AM10:00 〜 PM6:00　定休日：日曜日

広島県

地元広島の日本酒が多種多様

酒商山田

広島の地酒を中心に、全国各地約145種類が揃う。店主は蔵元とお客様のパイプ役という立場で酒選びをする。造り手の心を込めた酒をお客様に丁寧に説明するだけでなく、お客様の感想を蔵元に伝えフィードバックしているという。不定期にブランドテイスティング試飲会を開催するなど、酒に熱心な酒屋だ。

お店から一言！

波多野浩嗣さん
低アルコールで、旨味もしっかりとした味わいの酒は、飲み続けられるので売れています。

DATA

住所：〒734-0011
広島県広島市南区宇品海岸2-10-7
電話番号：082-251-1013
営業時間：AM10:00 〜 PM7:00
定休日：日曜日・祝日・祭日(盆・GW・正月)

Notes　日本酒の単位⑤　カップ酒の容量は1合（180ml）であることが多い。

用語集

あ

甘酒《あまざけ》

もち米の粥に米麹を混ぜて、約一昼夜糖化発酵させて造る。甘い味わいでアルコール度数は低い。一夜酒ともいう。

アミノ酸度

たんぱく質の構成成分であるアミノ酸の酒中含有量を数値化したもの。日本酒に含まれるアミノ酸はアルギニン、ロイシン、グルタミン酸など20種ほど、アミノ酸度が高ければ高いほど、コクがあり旨味のある酒となる。ただし、アミノ酸度が高過ぎると雑味の多い酒になる場合もある。一方、アミノ酸度が低ければ、旨味の少ないあっさりとした酒になる。

あらばしり

醪を搾ったときに最初に出てくる白く濁った酒のこと。みずみずしさが身上。また、あらばしりをとった後に酒袋を積み替えて再び圧搾（責槽）し、出てきた酒が責め。またあらばしりの後、責めより前に出る酒を中垂れという。

男酒

硬度の高い水で仕込んだ辛口の酒。灘の酒がその代表。硬水で仕込むと発酵や早いため辛口に仕上がる。

女酒

硬度の低い軟水で仕込んだ酒。男酒に対する呼称で、味わいは軟らかい。灘の男酒、伏見の女酒という言葉があるように、伏見が代表格ではあるが、実際には伏見の水も硬度はそれなりに高い。軟水で仕込んだ酒といえば、広島や岡山が代表格。

か

掛米

醪造りに直接使われる米。蒸したあとに放冷され、麹により溶けて酒となる。酒を造る米の総量のうち、7割が掛米である。

粕（酒粕）

発酵させた日本酒（醪）を搾るときに出る、白色の残りかす。醪の重量比の約25％が粕として取り出され、約75％が日本酒となる。

粕歩合

白米を使った酒の重量比率を表す。例えば、「粕歩合25」と表示されていれば、その酒は１００％の白米のうち、

25％は粕として残り、75％は酒になったということである。

活性清酒
醪を軽くこしただけの濁った酒で、濁り酒ともいう。瓶の中でも微弱な発酵が続くため、炭酸ガスが含まれている。

燗
日本酒を湯せんなどして温めること。燗を付ける、お燗するなどという。燗にすると、一般に香りはやわらかくなり、旨味のバランスがよくなる。

寒造り
11〜3月頃までの寒い時期のみに仕込みを行う造りのこと。最近では、機械による温度管理によって、1年中酒を造る蔵もあり、これを四季醸造という。

生一本
きいっぽんと読む。米、米麹、水のみを原料として、単一の醸造所で造られた酒。混じり気がないという意味。

唎き酒
酒の官能検査。外観を見た後、実際に口に含み、色・香り・味わいを評価する。ワインでいうテイスティングのこと。

唎き猪口
唎き酒用の酒器。白色の磁器製で、酒色や透明度の判定のために、底面に藍色の円が描かれている。これを蛇の目という。

生酛
酒母を造る際、櫂ですりあわせ、自然に発生する亜硝酸や乳酸を用いて酵母を増殖させる仕込み。人工的に乳酸を加える速醸酛が生み出されるまで、酒母造りはほぼこの方法だった。

吟醸酒
特定名称酒のひとつ。精米歩合60％以下で、醸造アルコール添加量が白米重量の10％以下の酒。

吟醸造り
精米歩合の低い（60％以下）高精白の米、麹と吟醸酒の酵母を用いて、低温でじっくり発酵させる酒造りの方法。吟醸酒用の酵母はリンゴやバナナ、メロンなどフルーツを思わせる華やかな香りを生み出し、味わいはすっきりとほのかに甘い。

原酒
搾った酒で、水が加えられていないもの。アルコール度数は高めで、濃醇で力強い飲み口が特徴。通常の日本酒は、原酒に加水して出荷される。

麹（米麹）
米はそのままではアルコール発酵しない。アルコール発酵するためには糖化する必要があるが、これに必要なのが麹。蒸し米に麹菌をふりかけ、約50時間かけて、菌を米粒に繁殖させて作られる。

麹米

麹（米麹）を作るための白米。特定名称酒と呼ぶことができるのは、麹米の使用割合が15％以上のものに限る。

酵母

糖分をアルコールと炭酸ガスに変える微生物。日本酒、ワイン、ビールなど酒の種類により付く割れる酵母の種類は異なる。

古酒

前年度より前に造られた酒。その年度内（醸造年度内）に出荷される酒を新酒といい、それに対する呼称である。

さ

酒粕

醪を搾ったあとに残る米粒や麹、酵母の搾りかすのこと。少量のアルコール分がある。

三段仕込み

仕込みを三段階、4日に分けて行うこと。徐々に仕込み数を増やしていく。1日目が添え、2日目は踊り（休ませること）、3日目が仲添、4日目が留添。

酸度

酸に含まれる複数の酸の総量。一般に酸度が高いと辛く、低いと甘く感じる。

仕込み

蒸し米と麹、酒母、水を加えて発酵させること。いわゆる醪造り。

地酒

土地の米と土地の水、蔵の酵母などを用いて醸した各地の地元の酒。

しずく取り

日本酒の搾り方のひとつ。通常は醪に圧力をかけて搾るのが一般的。醪を木綿の袋（酒袋）に入れて天井から吊るし圧力をかけずに自然に落ちるしずくを集める方法。袋吊りともいう。

酒造好適米

米粒が大きくてやわらかい、心白が大きい、たんぱく質含有量が少ないなどの特徴を持つ、酒造りに適した米。山田錦、雄町、五百万石などが代表的な銘柄。

純米酒

特定名称酒のひとつ。米と米麹のみを使って造った清酒。

純米大吟醸酒

特定名称酒のひとつ。精米歩合50％以下の白米と米麹のみを使って造った吟醸酒で、醸造アルコールを使わずに造った酒。

純米吟醸酒

特定名称酒のひとつ。精米歩合60％以下の白米を使い、低温でじっくり発酵させる吟醸造りで醸された酒。

醸造アルコール

でんぷんを発酵させて造ったアルコールのこと。醸造アルコールを醪に加えることで、香り高くきれのある味わいとなる。

醸造酒

米や麦、ぶどうなどの原料をアルコール発酵させて造る酒。日本酒、ビール、ワインがこれに当たる。一方、発酵後に蒸留する酒を蒸留酒といい、焼酎、ウイスキー、ブランデーなどがこれに相当する。

新酒

仕込みの年度内に出荷される酒。翌年まで寝かせると古酒と呼ばれる。

精米歩合

玄米を削り（精白）、残った白米の割合をパーセンテージで表したもの。精米歩合70％といえば、玄米を30％削り、70％残したものとなる。割合は重量で計算され、精米された米の重量÷玄米の重量×１００。

速醸酛

酒母造りに必要な醸造用乳酸を加えて仕込む方法。生酛造りで酒母を造ると約１ヶ月かかるが、速醸酛は10日から2週間で完成する。

た

大吟醸酒

特定名称酒のひとつ。精米歩合50％以下の白米を使った吟醸酒で、醸造アルコールを用いて造った酒。

樽酒

木製の樽で貯蔵した酒。木の香りが酒に移り、それが持ち味となっている。

杜氏

酒造りを統括する責任者。技術はもちろん、蔵人を統率する管理能力も必要とされる。最近は杜氏集団（南部杜氏や越後杜氏など）からの出稼ぎではなく、社長が杜氏を務めたり（オーナー杜氏）、社員が杜氏を務める（社員杜氏）も増えている。

特定名称酒

原料や製造方法などの条件を満たすことで名乗れる呼称。純米酒、特別純米酒、吟醸酒、大吟醸酒、純米吟醸酒、純米大吟醸酒、本醸造酒、特別本醸造酒の8つがある。

特別純米酒

特定名称酒のひとつ。米と米麹のみを使って造った清酒で、精米歩合60％以下、または製造上に特別な工夫のあるものは、特別純米酒と名のれる。

特別本醸造酒

特定名称酒のひとつ。醸造用アルコール使用量が、白米１トンあたり１２０リットル以下の酒。精米歩合60％以下、または製造上に特別な工夫のあるものは、特別本醸造酒と名のれる。

斗瓶囲い

搾った酒を、斗瓶に詰めて保管、保存する方法。1升瓶の10倍の容量がある斗瓶で貯蔵すれば、温度調整しやすく、品質が安定する。

濁酒

どぶろくと読む。醪をろ過せず、そのまま、または目の粗い布でろ過した酒のこと。濁り酒として商品化されている。酵母がまだ生きているため、軽い発泡性がある。

な

生酒

一度も火入れを行っていない酒。フレッシュではあるが、劣化しやすいので冷蔵保存は必須。

生貯蔵酒

タンクに詰めるときに火入れを行わず、瓶詰め後に火入する酒。生の風味は残る。

生詰め酒

貯蔵前に火入れを行い、その後は火入れしない酒。

日本酒度

日本酒の糖分の含有量を示す単位。一般にマイナスであれば甘口、プラスであれば辛口になるとされる。日本酒度計を用いて計る。

乳酸

酒母や醪を腐敗菌から守る働きを持つ。仕込みには欠かせない。

は

柱焼酎

江戸時代に存在した伝統的な醸造法で、醪や搾ったあとの酒に、米焼酎を添加する。これをすることで、米の旨味が凝縮する。

発酵

酵母の働きで糖分がアルコールと炭酸ガスに分解されること。パンや味噌も同じ仕組みで造られる。

火入れ

搾った酒を加熱すること。通常2回行われる。貯蔵前に発酵を止め変質しないよう行われるものと、割り水し瓶詰め後に殺菌目的で行われるもの。

ひやおろし

11月から3月の寒い時期に造られた酒は一度火入れされた後、タンクで秋まで寝かす。ひと夏こした酒で、出荷時に火入れしない酒が多い。

普通酒

特定名称酒以外の酒。

槽

ふねと読む。発酵を終えた醪を搾る際に用いる道具。船に似た形をしていることからこう呼ばれる。

本醸造酒

特定名称酒のひとつ。醸造用アルコール使用量が、白米1トンあたり120リットル以下の酒。

ま

宮水

西宮市南部から神戸の限られた地域から組み上げられる地下水。六甲山から流れでた水が夙川の砂礫層に入ったもので、リン酸とカリウムを多く含み、高度が高い。鉄分も少なく、優れた酒質を生み出す。灘の発展は宮水があってこそといえる。

無ろ過

搾った酒には、まだ濁りや雑味が残っている。通常は、これをろ過して取り除くが、このろ過をしない酒。ろ過や火入れ、加水を行わずに出荷される酒を、無ろ過生原酒という。

醪

蒸し米、米麹、酒母、水を合わせたもの。これを桶やタンクで発酵させる。醪を仕込んでから上槽するまでの日にちはさまざま。

や

山卸し

蒸し米、米麹、水で酒母を造る際に、櫂棒ですりつぶす作業。伝統的な生酛仕込みの手法。

山廃酛

生酛から山卸しの作業を廃止した造り方。山卸しを廃止した酛のため、山廃酛となった。明治42年に、技術の向上により同様の味わいとなると発表され、ひとつの方法として定着した。

わ

割り水

日本酒は原酒で出荷されることは少なく、たいていは原酒に水を加え、アルコール度数を調節して出荷される。

インデックス

あ

か

さ

インデックス

た

は

ま

や

ら

監修者プロフィール

木村克己

Katsumi Kimura

1953年神戸市東灘区出身。日本酒造組合中央会認証日本酒スタイリスト。利酒師呼称資格制度創設者。1985年度日本最高ソムリエ1986年第1回パリ国際ソムリエコンクール日本代表、総合4位。TVチャンピオン「鼻大王選手権初代チャンピオン」。ワイン、焼酎、日本酒の酒類はもちろん、食品ならびにサービス全般に造詣が深く、鋭敏な感覚からくるテイスティングには定評がある。現在、神戸市東灘区在住。
著書に「ワインの教科書」「日本酒の教科書」などがある。

本書の内容に関するお問い合わせは、**書名、発行年月日、該当ページを明記**の上、書面、FAX、お問い合わせフォームにて、当社編集部宛にお送りください。**電話によるお問い合わせはお受けしておりません。**
また、本書の範囲を超えるご質問等にもお答えできませんので、あらかじめご了承ください。
FAX：03−3831−0902
お問い合わせフォーム：https://www.shin-sei.co.jp/np/contact.html

日本酒の基礎知識

監修者　木村克己
発行者　富永靖弘
印刷所　株式会社新藤慶昌堂

発行所　東京都台東区台東２丁目24　株式会社　新星出版社
〒110-0016　☎03(3831)0743

ISBN978-4-405-09305-8